主要栽培品种

十棱黄金瓜

梨瓜

甬甜8号

青皮绿肉甜瓜

慈瓜1号

白皮脆瓜

厚薄皮甜瓜

小白瓜

薄皮甜瓜嫁接

接穗切口方向

砧木切口方向

靠接状态

靠接法上夹

完成靠接状态

嫁接完成入育苗盘

靠接成活的甜瓜苗

带夹的嫁接苗移栽入棚

薄皮甜瓜栽培方式

大棚爬地栽培

大棚立架栽培

露地立架栽培

露地爬地栽培

立架栽培

危害薄皮甜瓜的几种主要病虫害

枯萎病

白粉病

蔓枯病

瓜绢螟

烟粉虱

瓜蚜

放大

黄足黄守瓜

红蜘蛛

薄皮甜瓜

金珠群　吴华新　主编

中国农业科学技术出版社

图书在版编目（CIP）数据

薄皮甜瓜 / 金珠群，吴华新主编 . —北京：中国农业
科学技术出版社，2016.3

ISBN 978－7－5116－2488－8

Ⅰ.①薄⋯　Ⅱ.①金⋯②吴⋯　Ⅲ.①甜瓜－蔬果园艺
Ⅳ.①S652

中国版本图书馆 CIP 数据核字（2016）第 005937 号

责任编辑　崔改泵
责任校对　贾海霞

出 版 者　中国农业科学技术出版社
　　　　　　北京市海淀区中关村南大街 12 号　邮编：100081
电　　话　（010）82109194（编辑室）　（010）82109702（发行部）
　　　　　　（010）82109709（读者服务部）
传　　真　（010）82106650
网　　址　http：//www.castp.cn
经 销 者　各地新华书店
印 刷 者　北京富泰印刷有限责任公司
开　　本　889mm×1 194mm　1/32
印　　张　7.5　**彩插**　4 面
字　　数　204 千字
版　　次　2016 年 3 月第 1 版　2016 年 7 月第 3 次印刷
定　　价　35.00 元

《薄皮甜瓜》编委会

主　编　金珠群　吴华新

副主编　王旭强　许林英　戚自荣　沈群超

编著者　（按姓氏笔画排序）

王旭强　王双千　叶培根　许林英

李小超　沈群超　吴华新　张琳玲

陈江辉　金珠群　戚自荣　臧全宇

前　　言

　　薄皮甜瓜又名东方甜瓜、香瓜、梨瓜，起源于印度与我国西南部地区。据考证，薄皮甜瓜在我国至今已有 4 000 多年栽培历史。传说尧、舜时代的农师后稷，在邰地（今陕西武功县境内）"教民稼穑"（教人们种庄稼）中，种植的作物中就有甜瓜；周代和春秋战国时代（公元前 11 世纪—公元前 249 年），薄皮甜瓜已遍布黄河流域和长江流域；20 世纪 70 年代，在我国湖南长沙马王堆汉墓的考古发掘工作中，考古工作者在 1 号汉墓的女尸胃中发现了甜瓜种子；许多古典书籍和医学著作中也能找到很多有关薄皮甜瓜的记述，如《诗经》有"中田有庐，疆场有瓜"（《小雅·信南山》）、"七月食瓜，八月断壶"（《豳风·七月》）的记载。其中提到的"瓜"，可能均属薄皮甜瓜类型。明朝李时珍的《本草纲目》《食疗本草》《本经逢原》等图书也多次记述了薄皮甜瓜。根据这些古老的记载和至今在黄河流域、江淮地区仍能见到薄皮甜瓜野生类型马泡瓜来判断，我国不仅是薄皮甜瓜的起源国，而且是世界上最早驯化和栽培薄皮甜瓜的国家。

　　随着历史的演变，时代的进步，薄皮甜瓜栽培面积不断扩大，目前我国的薄皮甜瓜已成为果品中的一个重要品种，广泛分布于我国北方的中部、南部地区（豫、鲁、冀、陕、晋、京、津等省、市），长江中下游地区（苏、浙、沪、皖、赣、鄂等省、市），以及

薄皮甜瓜

黑龙江、吉林、辽宁、内蒙古东部和我国的台湾省。

薄皮甜瓜营养价值很高。据检测,每100克薄皮甜瓜所含营养素有:热量(26.00千卡)、蛋白质(0.40克)、脂肪(0.10克)、碳水化合物(6.20克)、膳食纤维(0.40克),还含有维生素A、胡萝卜素、硫胺素、核黄素、尼克酸、维生素C、维生素E及钙、磷、钾、钠、镁、硒及多种转化酶、乳糖、葡萄糖、树胶、树脂等成分;甜瓜子含脂肪油27%;含球蛋白及谷蛋白约5.78%。甜瓜蒂含甜瓜素及葫芦素B、E等结晶性苦味物质。

薄皮甜瓜经济效益很高。薄皮甜瓜具有广泛的适应性,到处可种,也容易栽种,而且生育期短,是城乡居民不可少的水果珍品,农民种植薄皮甜瓜能获得良好的经济效益。据慈溪市农业科学研究所调查,农户种植1亩薄皮甜瓜,应用设施栽培的可年增收入8 000元,露地覆膜栽培可年增收入3 000元。

通过多年的努力,慈溪市在薄皮甜瓜的开发研究上已经取得不少成就,不仅探索研究了大棚栽培优质高产技术、嫁接换根技术等多项栽培新技术,而且成功地选育了慈瓜1号等新品种,并在全市范围普遍推广,据统计:至2015年8月底,新品种、新技术推广面积累计已达1万亩(1公顷=15亩;1亩≈667平方米。全书同),按每亩增产2 400千克计算,全市共增产量24 000吨,创直接经济效益4 800万元。

从进一步推动薄皮甜瓜产业开发的目的出发,我们对近几年来在薄皮甜瓜开发研究方面所取得的成果进行了一次系统的总结,由金珠群、吴华新担任主编,编写了《薄皮甜瓜》一书,全书共分八章,约18万字,系统地论述了甜瓜的起源、分类与分布、薄皮甜瓜的特点、发展前景以及薄皮甜瓜的生物学特性及其对环境条件的要求;介绍了薄皮甜瓜的品种、留种、制种和设施栽培、露地栽培技术;同时也叙述了薄皮甜瓜的病虫草害防治及薄皮甜瓜栽培中的配套技术。希望通过本书的出版发行,对南方薄皮甜瓜种植大户增知识、学本领会有所借鉴,为促进薄皮甜瓜产业的发展作出一点微薄的贡献。

　　由于编写时间匆促及水平的限制,本书编写中可能会有一些缺点与错误,敬请广大读者能给予谅解并指正。

编　者

2015 年 12 月 1 日

目　　录

第一章 概　述

第一节　甜瓜起源与分布

一、甜瓜起源

甜瓜(melon)学名 *Cucumis melo* L.,属葫芦科黄瓜属,为一年生蔓性草本植物。

甜瓜是因其味而得名。据《本草纲目》记载:甜瓜之味甜于诸瓜,故独得甘甜之称。甜瓜有多种分类方法,目前一般多按照形态学进行分类,划分为网纹甜瓜、硬皮甜瓜、冬甜瓜、观赏甜瓜(看瓜)、柠檬瓜、蛇形甜瓜(菜瓜)、香瓜、越瓜等 8 个变种,或根据生态学特性进行分类,划分为两大类型,一类是东方甜瓜,又称薄皮甜瓜;一类是西方甜瓜,又称厚皮甜瓜。

关于甜瓜的起源众说不一,其中代表性的学说有以下几种。

1.非洲和南亚起源说

以 De Candolle(1882)为代表,认为甜瓜的起源地有两个,一个在非洲几内亚(G)等地,另一个在南亚(包括整个印度次大陆和巴基斯坦、阿富汗、伊朗三国接壤地带)。甜瓜的 5 个种起源于印度,其余种起源于非洲。但 De Candolle 同时又提出"这两个起源地或许并不是独立起源"的疑问。在几内亚和印度境内都发现甜瓜的近缘种是对这一学说的支持。近年来,美国通过同工酶分析,表明印度存在极丰富的变异类型,这说明印度在甜瓜起源方面具有重要地位。另外,根据原产地"应具有野生种,应有更丰富的变异类型和更高的显性基因频率"的原则,印度在甜瓜起源上也是不容忽视的。

2.中东起源说

前苏联学者以玛丽尼娜为代表认为中东地区(包括土耳其、伊拉克等)是甜瓜的原产起源地。他们根据自己创造的植物地理学微分法和遗传基因中心理论,分析了从世界各地收集的大量甜瓜属植物,认为在中东地区发现的野生甜瓜才是真正的甜瓜属植物的近缘种。此外,欧洲的 Cantaloupe 类的多数基本品种也出自这一地区。因此,这一地区也是甜瓜的遗传基因中心。至于中亚地区虽然现在拥有世界上最丰富的甜瓜品种资源,但充其量也只能是栽培甜瓜的次级起源中心。

3.非洲起源说

以 Filov 和 Whitaker 为代表。认为甜瓜最早的初级起源中心只有非洲,其他地区算不上起源中心。在非洲大陆不止一处发现甜瓜的野生近缘种,如非洲大陆西部几内亚境内、南部尼罗河盆地和中部干旱原地带等。尽管当今栽培甜瓜最发达、品种类型最多的地区不在非洲,而在比非洲更北的亚洲等地区,而且,在其起源地以北地区比起源地更加发达的例子不乏甜瓜一种作物。此外,根据作物原产起源地的定义,也说明非洲才是甜瓜初级起源中心。亚洲发现的杂草甜瓜乃是被逸散在自然界的栽培甜瓜野生化的结果,而并非真正的原始类型。

前苏联、中国[新疆维吾尔自治区(全书简称新疆)、山东、河北、四川]和日本虽然都曾相继发现不少野生甜瓜,但是不能就此想象日本也因此成为甜瓜起源地。据藤下报道,在日本先后多次发现野生杂草甜瓜。但绝非日本原产,而只能认为是早先传入日本的甜瓜野生化而已。

目前,比较一致的观点是:根据甜瓜近缘野生种和近缘栽培种的分布,可以认为非洲的几内亚是甜瓜的初级起源中心,经古埃及传入中东、中亚(包括我国新疆)和印度,并在中亚演化为厚皮甜瓜。12—13 世纪甜瓜由中亚传入俄国,16 世纪初由欧洲传入美洲,19 世纪 60 年代从美洲传入日本。传入印度的甜瓜进一步分化出薄皮甜瓜新种,并传入中国、朝鲜和日本。我国华北地区是薄皮甜瓜的次级起源中心。但也有人认为甜瓜为多起源中心,西亚(前苏联的土库曼、外高加索,伊朗,小亚细亚及阿拉伯)是厚皮甜瓜的初级起源中心,中亚(阿富汗,前苏联的塔吉克、乌孜别克、土库曼,我国新疆)是厚皮甜瓜的次级起源中心。我国西南部地区和印度是薄皮甜瓜初级和次级起源中心(张德纯,2008)。

我国栽培甜瓜的历史悠久,《诗经》《尔雅》《周札》《史记》等古代文献中均有记载。在新疆吐鲁番县高昌古城附近的阿斯塔那古墓群中挖出的一个晋墓(公元262—420年)中,有半个干缩的甜瓜,其种子与现在的栽培种相同;又在1972年湖南长沙马王堆发掘的一号汉墓女尸中,发现她的消化器官内有138粒甜瓜种子。加上历史上有关尧、舜时代农师后稷"教民稼穑"的传说,可以证实我国栽培甜瓜至少已有4 000多年的历史。

二、甜瓜的分布区域

甜瓜广泛分布于全世界广大地域。除南极洲外,欧亚大陆、非洲、美洲以及大洋洲都有栽培,产量居于世界十大水果中的第七位,据联合国粮农组织统计,西瓜和甜瓜的产量占世界十大水果总产量的11%。2004年全球甜瓜总面积131.3727万公顷、总产量2 737.1268万吨、平均单产20 834.8千克/公顷(折合1.39吨/亩),世界人均年消费量为4.62千克。但是,甜瓜栽培对气候条件也有其特定的要求,最适宜甜瓜生长的区域为炎热、干旱少雨的暖温地带,因此,从全球分布来看,甜瓜的主要产区都在北纬23°~45°,其中,尤以干旱大陆腹地和沿海雨区的甜瓜生长最好,品质最佳。例如,深入欧亚大陆中心的中国新疆,还有乌兹别克、土库曼、吉尔吉斯、阿富汗、伊朗、土耳其、西班牙,以及美国的加利福尼亚州等地。

我国的甜瓜栽培大致可分为西北干旱气候厚皮甜瓜栽培区与南方湿润区、北方干旱区三大栽培区域。其中,南方湿润区包括了近年发展起来的华南哈密瓜保护地无土栽培区(图1-1)。

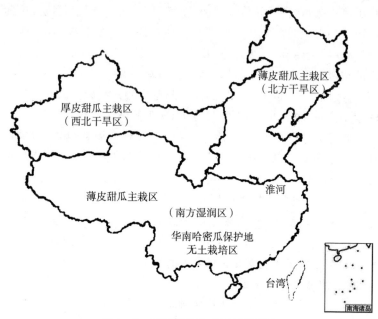

图1-1　我国甜瓜分布区域示意图

西北厚皮甜瓜栽培区域：主要包括新疆、甘肃两地，其中，以新疆的厚皮甜瓜（即哈密瓜）栽培面积最大，其次为甘肃（以白兰瓜为主），宁夏回族自治区（以下简称宁夏）、青海、内蒙古自治区（以下简称内蒙古）西部仅有少量种植。南方湿润区、北方干旱区为薄皮甜瓜栽培区，包括了南北25个省（市、自治区），其中，栽培面积较大的产区是华北地区、东北地区和长江中下游地区。在各省（市、自治区）中甜瓜种植面积较大的有西北地区的新疆，东部、中部地区的河南、山东、陕西、河北、山西等省，东北地区的黑龙江、吉林省以及长江中下游地区的江苏、浙江、安徽、江西、湖北等省。

从20世纪80年代开始，随着厚皮甜瓜保护地栽培的推广和发展，我国甜瓜的栽培区域已发生了很大的变化。目前我国的甜瓜栽培地域大致分布在以下4个栽培区。

1.西北厚皮甜瓜露地栽培区

主要包括新疆全境、甘肃河西走廊与兰州附近、青海湟水流域、宁夏银川与灵武平原、内蒙古西部巴彦淖尔盟等地。其甜瓜生产主要是厚皮甜瓜露地栽培,薄皮甜瓜栽培较少。

2.中部厚皮、薄皮甜瓜栽培区

本区包括地处我国中部地区的华北地区(豫、鲁、冀、陕、晋、京、津等省、市)和长江中下游地区(苏、浙、沪、皖、赣、鄂等省、市)的主要产瓜省、市。本区内的薄皮甜瓜均为露地栽培,厚皮甜瓜均为保护地栽培,特早熟的日光温室栽培为华北地区所独创,薄皮甜瓜品种以各地的地方优良品种为主,厚皮甜瓜品种以早熟光皮类为主。

3.东北薄皮甜瓜栽培区

包括黑龙江、吉林、辽宁、内蒙古东部等地。本栽培区内薄皮甜瓜广泛种植,为当地生产的主要水果,大多为较粗放的露地栽培,局部地区发展了一些保护地栽培,如大庆、大连市郊区的厚皮甜瓜温室、大棚栽培和辽宁的薄皮甜瓜大棚栽培。

4.华南哈密瓜保护地无土栽培区

主要包括珠江三角洲地区和海南省南部地区。本栽培区内薄皮甜瓜露地栽培面积不大,20世纪90年代开始发展起来的温室大棚哈密瓜中早熟优质品种的无土栽培发展较快,经济效益很高,为本区新兴的精品甜瓜亮点。近年来,海南南部逐步推广成本较低的简易大棚哈密瓜无土栽培生产,已取得了较好的经济效益。

据统计:2013年我国甜瓜播种面积为42.31万公顷,总产量1 433.7万吨。中国甜瓜面积占世界总面积的45%以上,产量占55%以上;西瓜、甜瓜人均年消费量是世界人均量的2～3倍,约占全国夏季果品市场总量的50%以上。

各省市情况见表1-1所述。

表 1-1　2013 年全国各地甜瓜播种面积和产量

单位:万公顷、万吨

地区	播种面积	总产量	地区	播种面积	总产量
全国总计	42.31	1433.7	河南	4.91	188.50
北京	0.04	1.40	湖北	1.40	39.60
天津	0.06	2.30	湖南	1.78	37.90
河北	1.86	92.90	广东	0.43	10.40
山西	0.64	13.40	广西	1.29	26.00
内蒙古	2.26	75.10	海南	0.30	6.80
辽宁	1.54	72.90	重庆	0.07	1.20
吉林	2.06	52.20	四川	0.11	1.80
黑龙江	2.30	77.30	贵州	0.22	2.40
上海	0.23	6.80	云南	0.08	1.60
江苏	2.30	68.70	西藏	—	—
浙江	1.05	26.60	陕西	1.48	53.20
安徽	1.72	51.30	甘肃	0.63	26.30
福建	0.41	9.00	青海	—	—
江西	0.71	14.40	宁夏	0.91	14.10
山东	4.89	220.20	新疆	6.61	239.50

注:引自农业部编《中国农业统计资料》(2013)

第二节　薄皮甜瓜的特点与发展前景

一、薄皮甜瓜的特点

薄皮甜瓜起源于印度与我国西南部地区。薄皮甜瓜又叫东方甜瓜、香瓜、梨瓜,学名 *Cucuismelo conomon*,英语名 oriental melon。薄皮甜瓜果实较小,单瓜重一般 300~500 克,且果实由南向北逐渐增大,少数也可达 800~1 000 克。果实圆筒、倒卵圆或椭圆形等,果皮光滑、皮薄,肉厚 1~2 厘米,脆嫩多汁或绵而少汁,营养丰富,可溶性固形物含量 8%~12%。薄皮甜瓜叶片较小,叶色深绿,茎蔓较细,种子小,生长势较弱,结实力较强,一株可结果 3~5 个,喜温暖湿润气候,耐湿性及抗病力均较强。

薄皮甜瓜在我国适应性广,较耐粗放管理,北至东北三省,南至广东、云南等省,都有栽培。但因其果小、肉薄,不耐贮运,故多在集镇及农村消费。

二、发展前景

薄皮甜瓜营养保健价值很高,薄皮甜瓜果实中除含有大量的碳水化合物、维生素、纤维素、蛋白质以及钙、磷、铁等微量元素外,还含有胡萝卜素、硫胺素、烟酸等多种人体必需的氨基酸以及可将不溶性蛋白质转变成可溶性蛋白质的转化酶。据测定:每 100 克薄皮甜瓜中:热量(26.00 千卡)、蛋白质(0.40 克)、脂肪(0.10 克)、碳水化合物(6.20 克)、膳食纤维(0.40 克)、维生素 A(5.00 微克)、胡萝卜素(30.00 微克)、硫胺素(0.02 毫克)、核黄素(0.03 毫克)、尼克酸(0.30 毫克)、维生素 C(15.00 毫克)、维生素 E(0.47 毫克)、钙(14.00 毫克)、磷(17.00 毫克)、钾(139.00 毫克)、钠(8.80 毫克)、镁(11.00 毫克)、铁(0.70 毫克)、锌(0.09 毫克)、硒(0.40 微克)、铜(0.04 毫克)。

此外,还含有多种转化酶、乳糖、葡萄糖、树胶、树脂等。

三、薄皮甜瓜的发展前景与经济效益

(一)发展前景

随着人民生活水平的提高与健康理念的增加,对厚皮甜瓜因甜度过高食后口感腻等缺点致使钟爱程度逐渐减弱。相反,对皮薄、质脆、汁多、解渴的薄皮甜瓜喜爱程度与日俱增。

宁波慈溪市素有种植薄皮甜瓜的历史与消费习惯,薄皮甜瓜常年种植面积达到 4 000 亩之多,且有春菜瓜、秋菜瓜之分,总产量在 60 000 吨左右,随着种植结构的不断优化和反季节栽培技术的运用,不仅使薄皮甜瓜的生产、上市销售季节由原来的 4 月底前上市延伸到 11 月底,而且销售价格递增,经济效益十分显著,因此,种植面积正逐年扩大。但生产上目前存在二大制约因素:一是种子纯度普遍较低、种性退化严重;二是瓜类不耐重茬不耐连作,蔓枯病、霜霉病、白粉病等病害导致死苗严重,产量锐减。对此,慈溪市农业科学研究所联合慈溪市坎墩惠农瓜果研究所、宁波市农业科学研究院蔬菜研究所,成功地选育了"慈瓜 1 号"薄皮甜瓜,抗病性明显增强,同时,通过嫁接育苗技术与设施栽培周年生产技术的深入研究,筛选了合适的嫁接苗专用砧木,进行了工厂化育苗技术,完善了"慈瓜 1 号"高效生产配套技术,通过示范推广为农民节本、增收、增效提供了切实的帮助。

(二)经济效益

据测算,在正常情况下,露地栽培一般每亩可收入 3 500～4 500 元,保护地栽培后可达 7 000～9 000 元,早春生产的瓜类效益高的可达 9 000 元以上。薄皮甜瓜生产已成为当地农民不可缺少的一项致富项目。

1.露地栽培效益分析

见表 1-2 所述。

表 1-2 慈溪市薄皮甜瓜露地种植效益分析

类别	项目	品名	规格	单价(元/包)	用量	金额(元)
支出	种子	慈瓜 1 号	300 粒/包	10	2	20
	农药支出					180
	商品有机肥		50 千克/包	20	15	300
	三元复合肥		50 千克/包	250	0.5	125
	硫酸钾		50 千克/包	275	0.5	137.5
	白地膜		250 米×3 米×1 丝	11	6	66
	软滴管		200 米/卷	60	1.30	78

类别	项 目	品名	规格	单价 (元/包)	用量	金额 (元)
支出	春季人工			150/工	12	1 800
	秋季人工			150/工	9	1 350
	春合计					2 706.5
	秋合计					2 256.5
收入	春菜瓜		亩产量2 500千克	2		5 000
	秋菜瓜		亩产量1 000千克	4		4 000

利润:①春季 5 000－2 706.5＝2 293.5 元;②秋季 4 000－2 256.5＝1 743.5元

2.慈溪市薄皮甜瓜大棚栽培(保护地栽培)经济效益分析

(1)设施成本支出。

【竹木结构大棚】

大棚宽5米,长40米,净面积0.3亩,每亩地安排3只大棚,大棚为经济型,竹木结构,棚内配滴灌设施。材料投入费用,见表1-3。

表1-3 慈溪市薄皮甜瓜毛竹大棚材料及成本估算表

单位:元/亩

编号	材料名称	使用期 (年)	规格	计量 单位	单价 (元)	数量	合计 (元)	年投入 (元)
1	竹片	3	6 米×0.05 米	片	6.5	420	2 730	910
2	大棚膜	1	120 米×6 米×6.5 丝	筒	760	1.2	912	912
3	进水主管	3	50 米/卷	米	50	18	1 200	400
4	龙头	3	2 吋×1 吋	只	4	3	12	4
5	挖沟	5			120	6	720	144
合计			2 370 元					

毛竹大棚使用年限为三年。其中大棚膜,使用寿命为一年。年成本支出为 2 370 元/亩。

【简易钢管大棚】

①建设面积:1 亩。

②建设材料:标准热浸镀锌管材。

③大棚规格:"825"标准单栋大棚,棚长 50 米,棚宽 8 米,棚顶高 2.5 米,肩高 1.5 米。

④大棚投入(以亩计):20 元/平方米。

开挖深水沟每亩投入 900 元。

大棚搭建投入:22 元/平方米(含人工),每亩地大棚面积为 530 平方米,投入 11 660 元。

慈溪市薄皮甜瓜钢管大棚材料及成本估算见表 1-4。

表 1-4　慈溪市薄皮甜瓜钢管大棚材料及成本估算表

编号	材料名称	使用期限(年)	规格	计量单位	单价(元)	数量	合计(元)	年投入(元)
1	钢棚搭建	15	50 米×8 米×2.5 米	米	22	530	11 660	780
2	大棚膜	1	100 米×9.2 米×7 丝	筒	900		880	880
3	围膜	1	150 米×2 米×6.5 丝	筒			50	50
4	进水主管	3	50 米/卷	米	50	18	18	200
5	龙头	3	2 吋×1 吋	只	4	3	12	4
6	挖沟	15			120	7.5	900	60
合计			年成本 1 974 元/亩					

(2)直接生产成本支出(一年两熟栽培)。

参考露地栽培。

(3)大棚栽培效益分析。

春季收益:春季大棚栽培一般亩产量 3 600 千克,单价 2.5 元/千克,产值 9 000 元。纯收益＝产值－(半年设施折旧＋直接成本)＝9 000－(1 974÷2＋2 706.5)＝5 306.5 元。

秋季收益:秋季大棚栽培一般亩产量 1 120 千克,单价 5 元/千克,产值 5 600 元。纯收益＝产值－(半年设施折旧＋直接成本)＝5 600－(1 974÷2＋2 256.5)＝2 356.5 元。

(三)社会效益

薄皮甜瓜,不仅直接经济效益好,而且由于薄皮甜瓜是瓜中珍品,酥脆香甜,营养丰富,深受人们喜爱,薄皮甜瓜果实香甜,含糖量 5%～18%,凉拌为菜,鲜食为果,由于低糖,是糖尿病人首选的水果,亦可加工成果脯、果汁或果酱等,或作保健食品,或作药用,有助于促进农村加工企业的发展,社会效益明显。

薄皮甜瓜可用于加工或制成罐头,或制成瓜干,也可用其鲜果制成果酒;瓜子可榨油,还可制成瓜子酱油,味道也很鲜美。瓜蒂挖下晒干,即为中药材中的苦丁香。

薄皮甜瓜栽培具有生产周期较短、投入产出比较高、投资少、见效快、增加农民收入效果显著等优点,是一种高效经济的瓜果作物,它已经成为以种植业为主要经济来源的广大农民快速实现增收目标的一条有效途径,是一项值得开发的生产项目。

第二章 薄皮甜瓜的生物学特性及其对环境条件的要求

第一节 薄皮甜瓜的植物学特征

一、根

甜瓜植物根系为主根系,由主根、各级侧根和根毛组成(图 2-1)。根系发达,分布深而广,一般厚皮甜瓜主根入土深 1~1.5 米,薄皮甜瓜主根的发达程度虽不如厚皮甜瓜,但其侧根发达,侧根水平分布范围可达 2~3 米,并多分布于地表 20~40 厘米深的土壤耕作层内(图 2-2)。

图 2-1 慈瓜 1 号的根系

主侧根的作用是扩大根系在土壤中的范围、伸长和固定植株。发生在各级侧根上的根毛是根系的主要生物活性部分,承担着吸收土壤中的水分和营养物质的任务。根毛为白色,寿命短,更新快。90%的根毛着生在二级或三级侧根上。

薄皮甜瓜根系的生长和发育,常因土壤的质地、水分、温度、肥力以及甜瓜的种类、品种和整枝情况的不同而受到不同的影响。

黏重的土壤不利于根系的生长,疏松肥沃的砂质土壤通透性

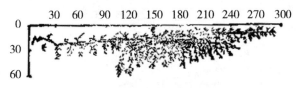

图 2 - 2　薄皮甜瓜的根系分布

（引自:齐之魁.中国甜瓜.科学普及出版社,1991）

好,根系生长广而深,侧根和根毛也多。坐果前,土壤水分充足时,侧根发达,主根较浅,而在表土干燥,深层水分充足时,则主根入土较深,侧根也广。土地过于干燥,根系生长发育受限。甜瓜根系适温为 25～35℃,最高可耐 40℃,最低 15℃,15℃以下根系生长受阻,10℃以下开始受害。土壤肥沃时,根系发达;土壤瘠薄时根系较小。一般情况下,地上部生长健壮,茎蔓粗长的品种,根系也较为强大;反之,根系则相对弱小。整枝过早过重,茎叶较少时,对根系生长有一定的影响,适时适度合理整枝,根系就能较好地生长。

薄皮甜瓜根系具有好气性之特点,喜欢通透性好的土壤条件,因此,它耐旱不耐涝,黏重、低洼、积水的田块,如不加以改良,不适宜种植。坐果期浇水时,也应"见干见湿",避免连灌和大水漫灌,造成土壤缺氧,致使根群窒息,以致烂根。

另外,薄皮甜瓜根系木质化较早,再生能力差,根受损后,不易再生新根,因而,薄皮甜瓜不耐移植。如果移栽,必须在子叶期,刚出真叶后移植,而且应带土移栽。带土移植时,苗龄也不宜过长,否则不易成活。一般以一个月苗龄,4～5 叶龄为宜。

二、茎

薄皮甜瓜茎为草质、蔓生茎,茎蔓节间有不分枝的卷须,可使茎蔓攀缘生长。茎蔓圆形具条纹或棱角,有节和节间,中空,节上着生叶片、侧蔓(子蔓或孙蔓)、雄(雌)花、卷须等。卷须不分叉,叶腋着生有幼芽,茎蔓表面被有短刚毛。

薄皮甜瓜苗期茎蔓基部节间很短,茎表现为直立状态(图 2 - 3)。

图 2-3　慈瓜 1 号的茎

（摄于慈溪生产基地）

茎蔓有时产生变异,如短节间、光滑无毛等。

薄皮甜瓜的茎在不整枝、自然生长状态下,主蔓生长不旺,长度不到 1 米;侧蔓(子蔓)却异常发达,长度常超过主蔓(长度＞2 米)。人工单蔓整枝时主蔓长度可达 1～3 米。

主蔓分枝能力极强,尤其是摘除顶芽后,从腋芽中可以萌发出很多子蔓,子蔓上发生孙蔓,孙蔓上还能再生侧蔓,只要条件适宜可无限生长。因此,在人工栽培条件下,需通过摘心、整枝、打杈等技术,来控制茎蔓的营养生长,使之向生殖生长转变,促使早结瓜,早成熟。

由于品种特性的不同,不同品种的薄皮甜瓜结果习性不尽相同。有的品种在主蔓上结果早而且多,对于这类品种,就利用其主蔓结果;有的品种主蔓结果迟而且少,而子蔓结果早而多,则主要利用其子蔓结果,或利用其孙蔓结果。因此,栽培薄皮甜瓜应根据不同品种的结果习性,通过整枝,促发子蔓或孙蔓,就成为一项重要的技术措施。

薄皮甜瓜还有在节上发生不定根的特性,茎节上长出的不定根,同样有固定枝蔓、吸收水分和无机养料的能力,因此促发不定根,就等于扩大了薄皮甜瓜的根系,增加了吸收能力,有利于植株和果实的生长发育,也有利于抗旱,但当植株生长过旺或雨水过多引起徒长时,则应在蔓下垫草以阻止其发生不定根,避免发生徒长。

三、叶

薄皮甜瓜叶为单叶,互生,叶序为 2/5。叶子由叶柄和叶片组成,无托叶,属不完全叶。叶形因品种不同而异,有近圆形、掌形、近三角形、肾形或心脏形;叶片不分裂或浅裂。叶缘呈波纹状、锯齿状、圆缘。浅裂或全缘,叶脉为掌状网脉。薄皮甜瓜叶色绿色、深绿或黄绿。叶柄短,叶片不大平展。叶背面叶脉上及叶柄上被有短刚毛,叶表被有短茸毛。叶片的茸毛和刚毛,有保护叶片减少水分蒸发的作用,使薄皮甜瓜得以抗旱能力增强。薄皮甜瓜叶片大小随品种和类型差异较大,一般长宽约 15～20 厘米,叶柄长 8～15 厘米(图 2－4)。

图 2－4　慈瓜 1 号的叶
(摄于慈溪生产基地)

薄皮甜瓜的子叶(即幼龄叶)与真叶(即成龄叶)明显不同。子叶要在种子萌发后才能展开,呈长椭圆形,它对苗期生长发育有很大作用,但它还不能进行光合作用,需要有足够的有机养料供应它的生长,只有当叶片长到一定大小,成为成龄叶片以后,才具有能够进行光合作用制造有机养料的功能。所以,成龄叶也叫功能叶。加强田间管理,防止叶片衰老和病虫为害,保持具有足够数量的功能叶,是薄皮甜瓜优质高产的重要条件。

四、花

薄皮甜瓜的花着生在叶腋处,多数为雄花两性花同株,少数为雌雄异花同株。个别也有全雌株或全雄株的。就雄花两性花同株的情况而言:花冠(花瓣)黄色,多为 5 瓣,腋生。雄花:花冠鲜黄色,花瓣 5 枚,簇生、单性,雄蕊 3 枚;基部合生。雌花:又称结实花,单生、花瓣 5 枚、基部合生,雌蕊柱头 3 裂,两性花,雌蕊外围有 3 枚雄蕊包裹,子房下位(图 2－5)。

雄花雄蕊花粉具有正常的授精功能,因此自然杂交率较低。雌雄花均具蜜腺,属虫媒花,自花授粉与异花授粉均能结果。保护地栽培因昆虫少,应进行人工辅助授粉。

图 2-5　慈瓜 1 号雄花(左)、雌花(右)

(摄于慈溪生产基地)

薄皮甜瓜同一叶腋的 3～5 朵雄花一般不在同一日开放,而是分期分次开放;结果花的着生习性也因品种不同而异,以孙蔓结果为主的品种,其主蔓、子蔓上结果花发生少而迟,但在孙蔓的第一节上即可着生结果花;以子蔓结果为主的品种,子蔓 1～3 节上可以出现结果花,孙蔓上结果花出现也较早;以主蔓结果为主的品种,主蔓上 2～3 节即可出现结实花。

一般地说,多数薄皮甜瓜品种多以子蔓与孙蔓结瓜为主,主蔓、子蔓、孙蔓上的结果花,大体比率是:主蔓占 0.2%,子蔓达11%,孙蔓为 40%～63%。

薄皮甜瓜的花芽分化受温光条件影响。在适宜条件下,随着温度升高,幼苗生长加速,花芽分化提早。但较低温度下有利于雌花形成,特别是低温可使结实花数量增加。昼温 30℃,夜温 18～20℃对薄皮甜瓜结实花的形成极为有利。

薄皮甜瓜的开花时间也有其特定规律,一般在早晨开花,午后凋萎,但遇到低温时,开花延迟。上午开花后 3 小时以内(8:00～10:00 时)为最佳授粉时期,午后授粉坐果率极低。但结果花在开花的头一天上午进行蕾期授粉也能结果。

五、果实

薄皮甜瓜的果实为瓠果(图 2-6),是由受精后的子房发育而成。瓠果是葫芦科植物特有的果实类型,瓠果的外果皮与花托合生形成较坚韧的果实外皮。瓠果由子房下位的三心皮合生雌蕊发育而来,形成果实的除了子房还有花托,因此,瓠果是一种假果。因品种的不同,果实大小差异很大。薄皮甜瓜果实由果皮、种腔、种子组成。甜瓜可食部分为中内果皮。

图 2-6　慈瓜 1 号果实

（摄于慈溪生产基地）

1.果皮

薄皮甜瓜果皮由外果皮和中内果皮构成。薄皮甜瓜外果皮极薄。中果皮发达,具有较多水分、糖分和其他营养物质,并具有浓郁的香味,是薄皮甜瓜的可食部分或称为果肉。

2.种腔

种腔位于果实中心,种腔形态有圆形、三角形;实心或空心。一般多为空腔,由 3 心皮 1 室组成。种腔内充满瓤籽,属侧膜胎座,胎座数量,多数为 3 个,少数为 4～5 个;胎座颜色有橘黄色或白色,组织疏松,相对干燥。

果实在成熟前,果皮中含有大量的叶绿素,因此,其幼果一般为绿色,将要成熟时,叶绿素逐渐破坏消失,在花青素及叶黄素的作用下,果皮呈现出白、黄、橘红等颜色。未熟的果实,其充满的淀粉与果胶质粘连在一起,因此果实硬而坚实,有的还有苦味。将要成熟时,由于各种酶的作用,如淀粉酶和磷酸化酶,能使淀粉转化成糖,果胶酶则能使果胶转化为果胶酸和醇类。由于糖、酸和醇均能溶于水,就使果实变得柔软酥脆。还有一种酶,能把酸和醇合成具有香味的酯,因此,薄皮甜瓜成熟后,就会变得松软多汁、甜而芳香。有的品种成熟后在果柄和果尾相连的地方会产生离层,使成熟的甜瓜从果柄上自动脱离。

甜瓜果形、大小、皮色、肉质、肉色以及棱沟的有无,均因品种而异,果形有扁圆、圆形、椭圆、卵圆形、纺锤形、长棒形、长圆筒形等;

薄皮甜瓜单瓜重一般 0.2～0.8 千克,最大可达 1～2 千克(厚皮甜瓜
一般 1～5 千克,大果形可达 10 千克以上);果实皮色,类型各异,有
绿色、墨绿、黄绿、黄色、白色、黄褐色及混杂色,有的有条带、条斑、
麻点等;果皮特征有光滑无纹、有棱沟、表皮皱缩;网纹或裂纹:稀、
密纹;细、粗纹等。果肉(中内果皮)颜色有橘红、橘黄、白色、绿色、
浅绿等。果肉质地:脆(松、紧)、软(松、柔)、面质(粉质)等;果皮(果
肉)厚度:厚皮甜瓜一般 2.5～5 厘米,薄皮甜瓜一般 1～2.5 厘米。

这些特征也是识别和构成品种特征、特性的重要指标。

3.种子

甜瓜种子扁平,是由种皮和种胚组成的无胚乳的种子。呈椭
圆形或长椭圆形,黄色、白色或红色或黄白色,种皮较薄,表皮膜质
化,光滑或有折曲,种子大小因品种而异,一般厚皮甜瓜纵径 10～
15 厘米、横径 4～5 厘米、厚度 1.65 厘米,千粒重达 30～80 克;薄
皮甜瓜纵径 5～7.5 厘米、横径 2.5～3 厘米、厚度 1.2～1.3 厘米,
千粒重 5～20 克。单瓜种子粒数为 400～600 粒,另有一定数量的
未孕秕籽(图 2-7)。

图 2-7 慈瓜 1 号种子

从种子解剖结构可以
看出,种子是由种皮、胚和
肥大的子叶三部分构成的。

种子发芽的最低温度
为 15℃,发芽适温为 25～
30℃,最高为 60℃,因此,
播种时浸种温度水温不宜超过 55℃。种子寿命一般为 4～5 年,
在干燥低温或干燥密封的条件下,可贮藏 10 年以上。

第二节　薄皮甜瓜的生命周期及生长发育特性

一、薄皮甜瓜的生命周期

薄皮甜瓜的全生育期,是指从出苗到头茬瓜成熟采收所需的

天数。全生育期的长短因品种、栽培季节、栽培方式、栽培技术等方面的不同而异。大体上可分为 5 个阶段。

（一）发芽期

发芽期是指从种子萌发到第一片真叶显露这个时期。种子发芽需要湿度、温度、氧气 3 个条件,同时还具有嫌光性,即薄皮甜瓜喜在黑暗条件下发芽,在光照条件下,发芽会受到抑制。种子发芽在 30℃ 条件下大约需 1 周时间,若催芽播种,催芽时除了保持适宜的温湿度外,还需盖上湿布遮光,这样不仅可以防止芽尖受损,还有利于种子发芽。种子发芽主要靠种子贮藏的养分转化来提供能量,因此,在子叶没有伸出前,这一阶段属于异养阶段。

（二）幼苗期

幼苗期是指从第一片真叶显露至幼苗第 5 叶未展开的"四叶一心期"。这一时期在 25℃ 条件下,需 25 天左右。此期幼苗生长缓慢,节间较短,呈直立生长,同时花芽和叶芽大量分化。因此,需要创造良好的生育环境,满足花芽、叶芽分化的要求,为以后植株生长和结实打下基础。生产上宜采取大温差管理,白天给予充足的光照、较高的温度（30℃ 左右）,以提高同化效能,积累充足的营养,夜间给予 15～18℃ 的低温,以利于花芽分化和雌花形成。

从幼苗期开始,甜瓜进入自养阶段。

（三）伸蔓期

伸蔓期是指从"四叶一心"至第一朵结实花出现这一时期,一般需要 20～25 天。此期根系迅速扩展,吸收量增加,侧蔓不断发生,迅速伸长,2～3 天就会展开 1 片新叶,植株生长旺盛。因此,这一时期也是植株建立强大的营养体系,为果实膨大奠定物质基础的关键时期。在栽培上应实施"促控结合",使植株壮而不旺（不徒长）,稳发快发,在开花前长好茎蔓,为结果打好坚实基础。如管理不当,易出现两种情况:一是植株生长不良,表现为茎蔓细弱,叶面积小,雌花子房小,导致不能坐果或果实很小;二是茎叶生长过旺,不能在适当位置及时坐果,因而延误了生长季节。可通过肥水管理及植株整枝抹芽来控制植株生长势,以确保营养生长和生殖生长的平衡。

(四)结果期

从结实花开放到果实成熟为结果期。结果期是甜瓜由营养生长转入生殖生长的关键时期,是栽培上进行精细管理的重要阶段。

1.结果前期

薄皮甜瓜开始开花坐果,为结果前期,需 7 天左右。在此阶段,要求有足够的水分和养分供应,同时需要进行充分的授粉,授粉后的子房迅速膨大。在此期间,会出现一种生理疏果现象,同株再开的结果花会自行脱落,以保证已坐住的瓜有充足的养分供应。

2.结果后期

薄皮甜瓜自果实迅速膨大至停止增大,为结果后期,或称之为定个期,果实定个后,同一植株上的结实花可以继续坐果,形成二茬瓜。若植株健壮,水肥得当,一般同一天开的几个结果花都能同时坐住。果实膨大期,是果实生长最快的时期,植株总生长量达最大值,并以果重增长为主,日增长量可达 50 克以上,而茎叶的生长量显著减少。因此,这一时期,也是决定产量的关键时期,从果实有枣子般大小开始就应适时加强田间肥水管理。

(五)采收期

采收期是指果实达到生理成熟,或能够达到采收程度的时期。生产上是指一个品种从开始采收到采收结束这段时期。具体指标有:果实成熟,果皮呈现出该品种特有的颜色和花纹;果实甜度达到该品种的最高值;果实发出香味;种子充分成熟并着色。在生产中,一个品种的采收期,由于整个群体开花坐果不可能是同步的,因而采收期结束的早晚,随种植者管理水平的不同而有差别。田间苗齐苗全,并在营养生长阶段生长较一致的,坐果较集中,采收期短,一般 10～15 天可结束采收。反之,采收期拉长,约需 20～25 天。

二、薄皮甜瓜的生长发育特性

(一)幼苗的生长发育

薄皮甜瓜的幼苗阶段,是指从播种出土起到植株现蕾止。出苗后首先长出两片子叶,然后真叶出现,随着真叶的次第生长,薄皮甜瓜的茎蔓也开始伸长。薄皮甜瓜植株的生长发育速度,与外界环境条件紧密相关。例如,在浙江温州地区地温较高,1月上中旬播种时,地温已稳定通过 15℃,日平均气温已稳定通过 18℃,土壤水分充足,薄皮甜瓜播种后 3～5 天左右就可出苗。而在上海地区,春季播种育苗一般需在 3 月中旬以后,地温才能稳定通过 15℃,日平均气温才能稳定通过 18℃,这时才能播种。薄皮甜瓜种子从播种到出苗,需要一定的生物学有效积温,该积温值是一个常数,它等于时间和气温的乘积。凡是气温高,出苗时间就短。以慈瓜 1 号为例,其出苗所需有效积温约为 70℃。如种子播种,出苗后,要经 4～5 天才能现第 1 片真叶,经 20 天左右现 2～3 片真叶。加上移栽前需低温锻炼,故整个育苗期要 25 天左右。薄皮甜瓜 5～6 片真叶的出现,是植株个体发育发生重要转折的形态标志。在此之前,根系却较地上部生长较快,而地上部生长缓慢。第5～6 片真叶出现后,薄皮甜瓜的主蔓及从第 1～3 叶腋处抽生的侧蔓,才开始较旺盛地生长,并在 4～8 片叶腋处出现卷须和花蕾原基。

(二)开花结果期的生长发育

从薄皮甜瓜雌花开始开花到果实成熟为开花结果期,这一时期的长短因品种的不同,相差悬殊。据调查,甬甜 8 号需 28～32天;慈瓜 1 号需 25 天左右。

开花结果期的生理特点是:初花时,地下部根系已基本形成,地上部营养器官也已进入旺盛生长期;雌花开放到坐瓜时,茎蔓的增长达到最大值,此时根系吸收的水分和矿物盐,以及叶片所积累的光合产物,大量往果实集中运转,促使果实体积和重量急剧增长。此后,根系生长处于停滞状态,茎蔓的增长量也急剧下降。

薄皮甜瓜的花芽分化,在子叶出土后不久就已开始,出苗后20～30天分化完毕,随之雄花率先开放,雌花随后开放,雌花比雄花一般要晚开2～7天。

薄皮甜瓜雌花多着生于子蔓和孙蔓上,雌花开放的时间一般都在早晨7:00～9:00。而雄花花粉粒萌发有效时间也基本上集中于每天早晨至中午。薄皮甜瓜为虫媒花,传粉的昆虫有蜂、蝇、蝶、蛾、蓟马等。如果要进行人工授粉,其适宜时间也应安排在每天上午进行。

第三节　薄皮甜瓜生理

一、种子生理

薄皮甜瓜开花受精后,种子同果实同时开始生长发育,大约30天左右即可成熟。成熟种子内含物质丰富,除了蛋白质、脂肪、少量糖类和灰分外,还含有多种微量元素、酶类及生长调节物质。这些物质是种子萌发、形成幼苗的基础。

贮藏的薄皮甜瓜种子是一个活的生命体,它内含调节生命活力的内源激素物质和氧化还原酶类等,能维持种子正常的代谢活动,进行微弱的呼吸作用。

贮藏种子含水量一般只有7%左右,不会萌发;当种子吸水量达到种子干重的60%左右时,种子吸水膨胀,撑破种皮,进行呼吸作用,释放能量,种子开始萌发。试验证明,当种子吸水量达到种子干重的200%左右时,种子萌发率最高。

(一)种子萌发过程

种子萌发过程大体可分3个阶段。

1.吸胀

吸胀为物理过程,当种子浸于水中或落到潮湿的土壤中,其内的亲水性物质便会吸引水分子,使种子体积迅速增大(有时可增大1倍以上)。吸胀开始时吸水较快,以后逐渐减慢。种子吸胀时会有很大的力量,甚至可以把玻璃瓶撑碎。吸胀的结果使种皮变软或破裂,种皮对气体等的通透性增加,萌发开始。

2.萌动

吸胀结束,种子停止吸水,种子细胞的细胞壁和原生质发生水合,原生质从凝胶状态转变为溶胶状态。各种酶开始活化,呼吸和代谢作用急剧增强,各种贮藏物质开始分解,胚首先释放赤霉素并转移至糊粉层,诱导水解酶(α-淀粉酶、蛋白酶等)的合成。水解酶将胚乳中贮存的淀粉、蛋白质水解成可溶性物质(麦芽糖、葡萄糖、氨基酸等),并陆续转运到胚轴,以此满足胚生长的营养需要。

3.出苗

这一阶段,细胞继续分裂并增大,种子吸水量猛增,胚开始生长,种子内贮存的营养物质开始被大量消耗;胚突破种皮而外露,先长出胚根,发育成根,胚轴也同时伸长,将子叶拱出土面,长出根、茎、叶,形成幼苗(图2-8)。

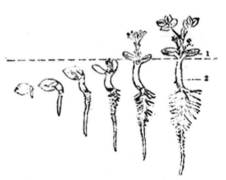

图2-8 种子萌发出苗过程

(二)种子萌发的自身条件和外界条件

1.种子萌发的自身条件

要具有活力。所谓活力,是指种子潜在的发芽能力和种胚所具有的生命力。具体地说,种子要具备3个条件,即有完整的和生命力的胚;有足够的营养储备;不处于休眠状态。影响种子活力的因素有:种子的大小、胚比重和种子贮藏的时间与条件。一般而言,大种子出苗后的生长势及生长量比小种子要强一些。胚比重小的种子其萌发力一般较弱。种子的储藏寿命,一般干燥室温条件5~10年。

2.种子萌发的外界条件

(1)有充足的水分。最适的土壤含水量是 10%；最低的土壤含水量不能低于 8.6%；最高的土壤含水量不能超过 18%。如播种前采取浸种措施,浸种适宜的时间是 4～8 小时。

(2)有适宜的温度。最适温度 30～35℃；最低温度≥15℃；最高温度≤40℃；有效积温(≥15℃)60～70℃。研究证明:种子播种前在阳光下干燥加热或在 55～60℃条件下人工干燥处理 2 小时,可提高发芽率和发芽速率;变温处理有利于种子发芽:白天 25～30℃ 12～16 小时;夜间 15～18℃ 8～12 小时。在低温 12～14℃ GA3 处理种子,可显著提高种子发芽势和发芽率。

(3)足够的氧气。种子吸水后呼吸作用增强,需氧量加大。一般作物种子要求通常种子萌发时要求土壤含氧量为>10%。若播种太深、土壤水分过多或土壤过度板结时,会引起土壤中氧气不足,影响种子发芽和出苗。

(三)种子在萌发过程中的生理生化变化

1.种子萌发和幼苗生长过程中酶的变化

据张帆、李桂芳、钟喆等研究,种子萌发和幼苗生长过程中几种酶的活性由低转高,生物化学反应强烈,代谢加强。例如,抗坏血酸氧化酶无论是在光下还是在暗中萌发的种子,如图 2-9(1)所示,从露白到露白后的第 9 天其活性都是上升的;从第 9 天开始萌发的种子其抗坏血酸氧化酶的活性逐渐下降。但暗中萌发的种子,其抗坏血酸氧化酶的活性始终保持上升的趋势。又如多酚氧化酶的活性,如图 2-9(2)所示,从露白到露白后的第 3 天,两种萌发条件下都是增加的。从露白后的第 3 天到第 6 天,暗中萌发的多酚氧化酶的活性仍然是增高的,但光下萌发的酶活性下降,从露白后的第 6 天到第 18 天,无论是光下还是暗中,萌发种子的多酚氧化酶的活性变化趋势是一致的。再如过氧化氢酶的活性变化,如图 2-9(3)所示,从露白到露白后的第 6 天,两种萌发条件下活性都是上升的,从第 6 天到第 18 天是下降的,露白后的第 6

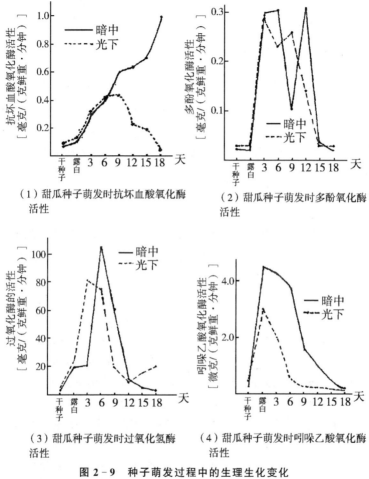

（1）甜瓜种子萌发时抗坏血酸氧化酶
活性

（2）甜瓜种子萌发时多酚氧化酶
活性

（3）甜瓜种子萌发时过氧化氢酶
活性

（4）甜瓜种子萌发时吲哚乙酸氧化酶
活性

图 2-9　种子萌发过程中的生理生化变化

天达到最大。光下萌发的从露白到露白后的第 3 天是上升的,从
第 3 天到第 12 天是下降的,12 天以后过氧化氢酶的活性又逐渐
升高。

　　此外,吲哚乙酸酶活性变化也有其一定规律。如图 2-9(4)
所示,露白时,无论是光下还是暗中吲哚乙酸酶活性都达到最

大。而从露白开始到露白后的第 18 天,暗中萌发的种子其吲哚乙酸酶活性逐渐降低。但光下萌发的种子,从露白到露白后第 9 天其吲哚乙酸酶活性降低,其后又稍有升高,到第 12 天后呈下降趋势。

2.种子萌发和幼苗生长过程中各种物质含量的变化

(1)淀粉含量的变化。据测定,甜瓜种子含淀粉量仅占种子干重的 0.3% 左右,在萌发的 18 天中,淀粉含量不断下降,在光下萌发的和在暗中萌发的无大的差别,在萌发的第 12 天后幼苗中淀粉含量已很少。

(2)可溶性糖含量的变化。据测定,甜瓜干种子含可溶性糖只占种子干重的 0.8% 左右。暗中萌发的种子从露白开始到露白的第 18 天,其可溶性糖含量的总趋势是下降的。在光下萌发的种子可溶性糖含量变化有些起伏,但总的变化是减少的,到萌发的第 12 天后,幼苗中可溶性糖含量已很低。

(3)粗脂肪含量的变化。据测定,甜瓜干种子含粗脂肪占种子干重的 49% 左右。从图 2 - 10(a)可以看出,在黑暗中萌发的种子从露白开始到露白后 18 天,其脂肪含量迅速减少,到露白后的第 6 天,其脂肪消耗已达 88.36%,到第 18 天时,其脂肪消耗达到 98.99%。光下萌发的变化更显著,到露白后的第 6 天时,其脂肪消耗已达 98.5%,到 18 天时,则消耗达到 99.96%。

(4)粗蛋白质含量的变化。据测定,甜瓜干种子含粗蛋白质占种子干重的 30% 左右。

从图 2 - 10(b)可以看出,无论是光下还是暗中,萌发的种子蛋白质含量都是下降的。

(5)干物质含量的变化。据测定,薄皮甜瓜种子含干物质量为 95% 左右。无论在何种条件下萌发,种子从露白到萌发的第 9 天干物质迅速下降,此后暗中萌发的种子由于没有光合作用随着萌发天数的增加,干物质含量继续减少,持续处于异养阶段,至第 18 天后,终因种子贮藏的有机物质被消耗殆尽,幼苗死亡;而光下萌

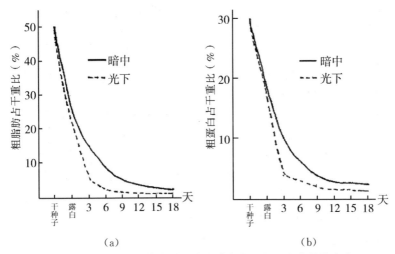

（a）　　　　　　　　　　　（b）

图 2-10　甜瓜种子萌发过程中脂肪含量和粗蛋白含量的变化

发的种子和幼苗,在萌发的第 12 天后,由于自身已具有光合作用,幼苗的干物质量开始上升,由异养转入自养。

3.种子萌发及幼苗生长过程中呼吸强度、呼吸商的变化

种子萌发过程中,随着酶活性的增加,物质转化的进行,呼吸强度也相应增加。

表 2-1　甜瓜种子萌发时呼吸强度和呼吸商的变化

项目	处理、天数	干种子	露白	第 3 天	第 6 天	第 9 天	第 12 天	第 15 天	第 18 天
呼吸强度	暗中	0.02	3.7	2.67	1.64	0.85	1.67	0.6	0.47
	光下	0.01	3.3	5.4	4.07	2.67	0.67	0.53	0.4
呼吸商	暗中	0.67	0.418	0.56	0.6	0.68	0.68	0.143	0.19
	光下	0.69	0.548	0.16	0.479	0.49	0.55	0.19	1.2

呼吸强度单位:CO_2 毫克/(克鲜重·小时);呼吸商 R.P=CO_2 体积/O_2 体积

由表 2-1 知,呼吸强度最大值在露白时,以后随着萌发天数的增加呼吸强度下降。暗中萌发的种子其生长幼苗在露白后的第 12 天有 1 个小时的升高,以后呼吸强度降低到第 18 天时,细长苗腐烂,这时的呼吸以腐生性呼吸为主。光下萌发的只有一个峰值,即为露白后的第 3 天。光下萌发的种子呼吸强度表现为前期增强,以后便逐渐下降。这与种子萌发过程中物质代谢变化相一致,也与酶活性变化相一致。

呼吸作用中最容易被消耗和利用的是糖。一般认为,种子萌发过程中的脂肪和蛋白质首先被转化为糖,然后作为呼吸底物被消耗利用。据测定:无论是光下还是暗中,糖的含量始终是下降的,种子贮藏的物质蛋白质、脂肪也随着种子的萌发过程不断减少。

测定结果还表明,甜瓜种子萌发过程中呼吸熵值始终小于 1,其原因可能是由于呼吸过程中直接消耗了脂肪和蛋白质的结果,也可能是由于种子萌发过程中发生脂肪转化为糖的过程加强。

黄金艳、付金娥等进行了水分胁迫对二、四倍体薄皮甜瓜苗期生理生化特性影响的研究,研究结果表明:在水分胁迫下,植株高、茎、根系生长,叶片数、叶面积及生物量等均受到抑制。

二、植株生长发育生理

(一)根系的生长发育生理

1.根系生长发育

薄皮甜瓜种子萌发后,下胚轴向下伸长,其根尖生长点区域中心细胞开始快速分裂,向四周分裂形成原始分生组织细胞,原始分生组织细胞又继续向外分裂分化,细胞纵向分裂使根系不断延长生长;横向分裂使根系增粗,并逐步形成具有不同功能的运输组织、侧生分生组织、皮层等功能器官。

甜瓜根系细胞分裂较快,生长迅速,但易木质化。因此,生产中多采用直播或营养钵育苗,以免移苗时伤根。

发育完整的薄皮甜瓜根系由垂直生长的主根、多级侧根和根毛组成。根毛是吸收功能最活跃的部分,90％以上的根毛多分布在 30 厘米地表土层的二、三级侧根上,根系通过扩散、截获(离子交换)、质流等方法,将养分吸收到根系表层,然后再由根系表层进入根系内部运输系统,并由根系运输组织运送到地上部。

2.根系内物质代谢

薄皮甜瓜植株生长发育所需的矿质营养和氮、磷等元素,几乎都是来自根系的吸收代谢。地下部的吸收是地上部生长发育的重要基础。据测定,地上部每生产 1 千克甜瓜果实,需要吸收 N 3.5 克,P_2O_5 1.72 克,K_2O 6.88 克,CaO 4.95 克,MgO 1.05 克。其中氮、磷、钾用于果实生长发育量只占根系吸收总量的一半。

根系吸收的同时,也进行了物质和能量的输出,这些能量和物质主要来自地上部光合产物。根系进行呼吸作用,分解氧化光合产物,释放能量,保证吸收作用正常进行。水培试验表明,充分通气和不通气相比较,根系对氮、磷、钾、钙、镁的吸收量,前者较后者高出 2～2.5 倍。

薄皮甜瓜根系呼吸作用很强。据测定,生长在 20％氧浓度下的根系鲜重为 100％,那么,生长在 10％氧浓度下的根系鲜重只有 25％,5％浓度下的根系鲜重仅有 5％。可见,保持良好的土壤通透环境,是根系进行呼吸作用、正常生长发育和物质吸收的重要生产措施之一。

(二)茎叶的生长发育

甜瓜为一年生蔓性草本植物,茎叶生长量大而且生长速度快,分枝能力较强,地上部营养面积扩展迅速。

甜瓜茎叶的生长,是由茎尖生长点不断进行细胞分裂和分化形成的。幼苗期,甜瓜植株同化吸收能力较弱,此时茎尖生长点细胞分裂速度和细胞数目增加快,但细胞膨大较慢,植株体相对生长量较小。至伸蔓期,植株叶片同化功能增强,叶面积扩大,光合产物积累增多。此时茎叶生长迅速,植株体相对生长量较大,是茎叶生长的高峰期。坐果以后,养分供应中心转向果实和种子,茎叶生长点对养分争夺能力减少,叶片制造的光合产物大多供应到果实和种子上。

茎叶的生长量,白天大于夜间,一般夜间茎叶的生长量只为白天的 60%～70%。

茎蔓是整个植株体的骨架,而叶片则是植株体一切生命活动的重要的营养源泉。

甜瓜叶片(功能叶)光合能力较强,光合强度为 17～20 毫克 CO_2/平方分米/小时(表示每平方分米叶面积每小时所同化的二氧化碳毫克数),光饱和点为 5 500～6 000 勒克斯,补偿点为 4 000 勒克斯,甜瓜要求强光照,当光照强度在自然光 80%以下时,植株生长即受阻。因此,生产上应当合理密植,及时整枝,使叶面积指数保持在 2.0 左右,以保证植株接受充分的光照。

(三)地下部与地上部生长发育的关系

植株的根系与其地上部是互相促进、互相制约的。当根系发育良好时,地下部吸收面积大,水分和矿物营养吸收较多,能充分满足地上部叶片水分和物质代谢的需要,有利于提高光能利用率,制造更多的光合产物。这些光合产物向下运输,又提高了根系营养水平,增加了根系细胞的渗透压,从而使根系吸收到更多的水分和矿质营养,使地下、地上构成良性的物质和能量循环。反之,如根系发育不良或地上部生长状况不佳,地下、地上就不可能构成良性的物质和能量循环。

根系生长点和茎叶生长部位,在吸收制造营养物质,进行细胞分裂的同时,还会产生内源激素。例如,根生长点部位能合成细胞分裂素(CTK)及赤霉素(GA);地上部生长点会分泌生长素(IAA)及赤霉素(GA)。这些生长调节物质在植株体内呈不平衡分布,但却维持了一定的分配平衡,从而保证植株各器官、组织得到相应的营养供应;根系产生的 CTK 抑制根系的生长,但运输到茎尖部位后,却可以促进茎尖细胞分裂;同样,茎尖产生的 IAA,会抑制茎尖的生长发育,却可以促进根系的生长发育。植物体内上下部位激素物质相互交换的结果,促进了植株体的生长和发育。

三、成花及坐果生理

(一)花芽分化

甜瓜属高温短日照作物,20℃以上可通过春化阶段,10~12小时光照下通过光照阶段。不同品种间会稍有差异。但共性是,不论哪一个品种通过春化和光照阶段都很快,种子发芽和幼苗期均能进行。幼苗出土不久,往往很快就完成阶段发育,生长点在一系列质变后,开始花芽分化。

甜瓜花芽分化特性如下:

(1)花芽分化时间较早,而且雄花分化先于雌花,着生节位也较低;而结实花则分化较晚,着生节位较高。不同品种或不同环境条件会不同程度地影响着花部位。

花芽分化时间较早与甜瓜完成阶段发育较早有关。如慈瓜1号薄皮甜瓜,当第一片真叶3厘米长时,主蔓已分化12节,子蔓也开始分化,全株已分化花原基10个。其他甜瓜分化情况也大致与此相似。

(2)花芽分化时间比较集中。在第4片真叶出现以前,分化速度较快,之后则减缓。第1片真叶至第4片真叶出现之间,每出现1片真叶,主蔓向前分化5节左右,花原基数目也随之增加,并达到最大值。此时子蔓、孙蔓和其上的花原基也同时分化。早期,即第4叶之前,花器官没有性别分化,具有两性特征。随着环境条件和内源激素物质的作用,第4叶之后(真叶3厘米长时),便出现雄花和结实花的分化。此时,全株(主蔓、子蔓、孙蔓)分化的花原基可达百数以上,且多数已可鉴别出性别。

根据上述甜瓜花芽分化特点,可以看出苗期,特别是第4片真叶出现之前,是甜瓜生长过程中的关键时期。应加强管理,创造温度、光照、水分、养分等良好的外界条件,为高产优质打下良好基础。

甜瓜单性花的发育过程中,首先是在叶原基的腋部出现中心凹陷的小突起,其外侧随之分化出萼片突起,内侧分化出花瓣原基小突起,并同时在花托内侧表面形成雄蕊突起。

雄花分化可分为花原基形成期、花药形成期、花粉形成期、蕾期和开花期等 5 个阶段。

结实花的分化,始于雄蕊突起,此时,其内侧形成 3 个雌蕊突起,并由此发育而成。结实花分化可分为原基形成期、雌蕊柱头突起期、雌蕊柱头形成期、种室形成期、开花、受精和子房的增长期等。

(二)环境条件与花芽分化

影响花芽分化的环境条件很多。主要有温度、光照以及外源生长调节剂的作用。

1.温度

适宜的温度有利于花芽分化,特别是苗期温度,对花芽分化数量等都有很大影响。低温有利于结实花的形成和着花节位降低。夜温较昼温影响更大。如果夜温低,则结实花着生节位下移。一般适宜的夜温为 20℃左右,超过 25℃结实花就延迟出现。白天温度以 30℃左右为最好,既能保证幼苗生长发育,又能使花芽正常分化。同时苗期低温还可提高花芽质量。实践证明,低温下分化出的花芽质量好,花蕾大而壮,开花结果良好。但夜温也不可过低,以略高于安全值(一般为 15℃)为好。

2.光照

甜瓜幼苗易通过光照阶段。光照的影响主要是日照时间和光照强度两方面,而且受到其他条件的制约。

在适宜的温度和充足的肥水供应条件下,日照时间长,如每天 8 小时以上,有利于花芽分化,结实花节位低、数量多,开花较早;如果每天只有 8 小时以下则花芽数量少、结实花推迟出现。同时,强光有利于甜瓜光合作用,对花芽分化有良好的效果,弱光则相反。如果温度(特别是苗期夜温)过高或过低,或者肥水不足等,对花芽分化就会带来不利影响。苗期氮肥较多时,长日照较短日照更能增加结实花的比例。

3.外源激素

外源激素类物质能有效地调控甜瓜花芽分化的节位、数量及结实花和雄花的比例。

氯吡脲、吡效隆、2,4-D、乙烯利、NAA、IAA等,在一定浓度范围内,都可起到促进结实花形成的作用。据研究,用$250×10^{-6}$的乙烯利,在3叶期进行叶面喷施,能显著提高结实花比例。处理株结实花可达到花芽总数95%以上,而且结实花着生节位降低,质量高,花期提早,单果重也增加。而对照株结实花仅为花芽总数的0.7%。

其他种类生长调节剂也有类似的作用,生产中应当根据不同情况,恰当地选择种类和使用浓度,掌握喷施时期,以便取得良好的效果。

应当说明的是,外界环境条件,如光照、温度等,对花芽分化的影响和调节作用,归根到底是影响了植株体内激素的含量水平和分布平衡,从而对花芽分化产生间接调节效果。外源激素的应用,为人工控制(特别是遇到不良环境条件时)花芽分化提供了可能。

(三)开花与坐果

当气温达到一定临界值后,甜瓜便开始开花。开花最低温度为18~20℃,薄皮甜瓜最适开花温度23℃左右,一般雄花要比雌花早开5天左右。

开花延续时间,因温度和空气湿度而有变化。低温和空气相对湿度高,会推迟开花时间;相反,高温和空气湿度相对低则提早开花,且速度加快。开花后2小时内,柱头、花粉的生活力最强,授粉结实率最高。花一般在早晨开放,中午以后,雌雄花器的生活力迅速下降,失去授粉能力。

甜瓜一朵雄花有大约1万粒左右花粉,花粉纤维质的外壁具有黏性,授粉时易于黏在柱头上。花粉上有3个发芽孔,落在柱头上后,花粉管由孔内伸出,将精子由此孔传入子房内受精。花粉在花开后 2 小时内活力最强,发芽最适温度在 25℃左右。条件适宜时 10 分钟内即可发芽。

雌花开放后,柱头外露,上有黏性分泌物出现,以便花粉附着和萌发。花粉落于柱头上 3～4 小时,大部分花粉管能进入子房开始受精,24 小时后多数胚珠受精完毕。受精卵进行细胞分裂发育,逐渐形成完整的种子。

结实花授粉受精后,幼果便开始生长。此时甜瓜植株处于由营养生长向生殖生长转化的过渡时期。幼果含有大量的生长素、赤霉素和细胞分裂素,对营养物质调运能力很强,这样便形成了与茎蔓生长点对营养物质的竞争。一般地,幼果下部叶片内的养分供应幼果,其上部叶片养分仍供应茎蔓生长点。合理调整光照因子和水分及营养物质供应,及时整枝,能使植株体保持良好的营养物质和激素物质分配平衡,则植株体在茎蔓不断扩大生长的同时,又能保证幼果对营养物质的需求,为甜瓜高产优质打下基础。如果在幼果生长发育期间,不及时调整诸影响因子,如营养生长过旺,侧蔓生长点过多等,会极大地消耗营养,致使幼果因得不到充足养分而不能正常生长发育,造成落果。

采取合理的栽培技术措施可以有效地调整好营养生长和生殖生长的关系,如及时浇水、施肥,能保证植株在开花时有足够的营养面积;开花坐果后,适当控制植株的营养生长,及时合理地采取茎蔓摘心、追施磷、钾肥等方法,可以促使生长中心及时转向幼果,保证幼果正常生长发育。

此外,嫁接更是一项值得重视的措施,据广西农业科学院张娥珍、樊学军(2009)的研究,薄皮甜瓜通过嫁接可以使植株生长生理发生一系列变化。

1.嫁接可以提高薄皮甜瓜叶片叶绿素含量

叶片是绿色植物光合作用的场所,叶绿素含量高低直接影响光合同化能力的强弱。表 2-2 结果表明,在开花授粉后嫁接苗较之自根苗能在一定程度上提高植株叶片中叶绿素 a＋b、a、b 含量,而且在开花坐果及果实发育过程中叶片叶绿素含量能保持较稳定的水平,这有利于增加光合产物的积累及叶片对果实营养物质的供应能力,从而促进果实的发育,提高果实产量。

表 2－2　嫁接对薄皮甜瓜叶片叶绿素含量的影响

单位:毫克/克鲜重

开花授粉后天数（天）	处理	叶绿素 a	叶绿素 b	叶绿素 a＋b
5	自根苗	1.767bABCD	0.522bcdBC	0.289cdBC
	嫁接苗	1.712bcBCD	0.511cdBC	2.223cdeBC
10	自根苗	1.614cCD	0.482dC	2.095eC
	嫁接苗	1,918aAB	0.564bAB	2.482abAB
15	自根苗	1.811abABCD	0.565bAB	2.377bcAB
	嫁接苗	1.608cD	0.501dBC	2.109decC
20	自根苗	1.825abABC	0.555bcAB	2.379bcAB
	嫁接苗	1.960aA	0.616aA	2.576aA

2.嫁接苗叶片 MDA 含量低可提高薄皮甜瓜的抗逆性

从表 2－3 结果可以看出,在开花坐果期间嫁接苗叶片 MDA 含量均低于自根苗,在开花授粉后第 10 天、20 天分别与同时期的自根苗相比均达到显著差异水平,这表明嫁接栽培提高了薄皮甜瓜的抗逆性。

表 2－3　嫁接对薄皮甜瓜叶片 MDA 含量的影响

单位:纳摩尔/克鲜重

处理	开花授粉后天数			
	5	10	15	20
自根苗	22.796cC	28.172bB	29.140bB	35.376aA
嫁接苗	20.215cC	22.903cC	27.957bB	28.495bB

3.嫁接可提高薄皮甜瓜叶片 POD 活性

如表 2-4 所示,除了开花授粉后第 10 天,其他时期嫁接苗叶片 POD 活性均高于自根苗,而且在开花授粉后第 5 天、20 天分别与同时期的自根苗相比达到显著差异水平。

表 2-4　嫁接对薄皮甜瓜叶片 POD 活性的影响

单位:单位/(克鲜重·分钟)

处　理	开花授粉后天数(天)			
	5	10	15	20
自根苗	11.733gF	126.167ec	152.000bB	51.933eE
嫁接苗	39.700fE	90.800dD	152.800bB	214.967aA

4.嫁接对薄皮甜瓜叶片 SOD 活性的影响

从表 2-5 结果可以看出,开花授粉后 10 天以前嫁接苗叶片 SOD 活性均高于自根苗,而之后其活性有所下降,开花授粉后第 15 天、20 天均低于自根苗。

表 2-5　嫁接对薄皮甜瓜叶片 SOD 活性的影响

单位:单位/(克鲜重·分钟)

处　理	开花授粉后天数(d)			
	5	10	15	20
自根苗	0.570fE	1.815dC	3.060aA	3.089aA
嫁接苗	1.194eD	2.156cdBC	2.985abA	2.585bcAB

四、果实的生长发育生理

(一)果实发育生理

1.果实大小和形状

果实大小和形状是由幼果细胞数目和细胞大小及分裂方向等

诸因子共同决定的。

　　开花前子房细胞急剧分裂,花后很快停止。开花受精一周后,子房开始迅速肥大,半月左右体积增长最快,20天后增长速度日趋降低。果实纵径增长稍落后于横径,增长速率也较低。

　　大型果,幼果细胞分裂旺盛,细胞数目较多,后期细胞吸收水分和营养而膨大,细胞体积较小型果大得多。大型果细胞分裂持续时间较长,从开花至开花后果实肥大前一直进行。小型果子房在开花前细胞分裂已完成,细胞分裂时间短,数目少且体积也较小。

　　生产中,可在开花后几天内,及时疏除瘦弱果和异形果,以保证果实的质量和产量。

　　应当说明的是,在果实生长发育过程中,不良外界环境条件、坐瓜部位不当、授粉不匀和意外损伤等,都会造成果实某个部位停止生长而形成畸形果,影响外观和品质。

　　2.果实不同部位的发育

　　甜瓜果实不同部位细胞的增长速率有显著差异。

　　图2-11是杭州黄金瓜果实不同部位细胞数目和细胞直径变化曲线。由图可见,甜瓜外果皮细胞直径和数目,自开花3天以后几乎没有变化。随果实膨大,只是细胞长度和细胞间隙增大以扩大果皮面积。中果皮和内果皮与胎座细胞直径,随着果实的肥大而迅速增加。

　　花后10天左右,网纹甜瓜子房表皮细胞停止发育而硬化,随着果实肥大,内部压力增加,表皮开始

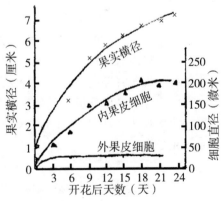

图2-11　黄金瓜果实不同部位
发育过程的变化(李曙轩,1957)

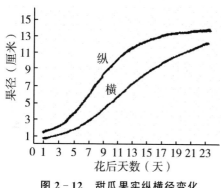

图 2－12　甜瓜果实纵横径变化

（马克奇,1976）

龟裂形成网纹。

（二）果实生长曲线

1.果实体积增长曲线

甜瓜果实体积增长表现为"S"形生长曲线。即生长开始阶段和后期慢而中间快。

图 2－12 为白兰瓜纵径和横径增长曲线,花后 5 天以前,为果实细胞分裂期,细胞数目增加较多。

但由于细胞直径较小,果实体积增加不明显,在生长曲线上表现为极缓慢的增长。花后 5 天至花后 20 天左右,为果实膨大期,此时细胞数目增加不多,而主要是细胞膨大,果实体积增加很快。细胞膨大期结束之后,进入成熟阶段。此时细胞数目和体积变化都很小,主要是营养物质转化,体积增长又变慢。

不同品种果实发育时间和速率不同,但体积的增长基本上符合"S"生长曲线。

2.果实鲜重增长曲线

甜瓜果实鲜重的增加,也呈"S"形曲线。

开花坐果前后,果实重量增加很慢,至花后 10 天左右,才开始迅速增加。果实将近成熟时,鲜重不再增加,有的品种甚至还会减少。生产中应当具体分析不同品种的生长曲线,找出果实重量和体积快速增长区段,以便在果实快速膨大和增重区内,保证肥料和水分的充足供应。

（三）果实营养成分变化与果实成熟

1.果实生长发育过程中营养物质的变化

甜瓜果实由小到大,既是重量、体积不断增加的过程,也是营养物质的积累过程。

(1)糖分的变化。糖分是叶片光合产物在果实中的积累。甜瓜果实的全糖由开花至成熟的过程中呈不断增加趋势。但不同种类的糖变化情况各不同。

果实发育前期(幼果细胞分裂期和果实膨大期,约30天),果实中葡萄糖、果糖(还原糖)含量不断增加,蔗糖则增加缓慢。当果实进入成熟期后,还原糖增加趋势变缓,而蔗糖含量增加很快,随之全糖含量也快速增加。表2-6为白兰瓜发育成熟过程中糖的变化,其他品种也呈相似的规律。

表2-6　白兰瓜发育与成熟过程中糖的变化

单位:%

开花后天数(天)	全糖	还原糖	葡萄糖	果糖	蔗糖	淀粉
开花当日	0.238	0.21	0.21	0	0.028	0.073
5	1.635	1.57	0.51	1.06	0.065	0.088
12	2.108	2.09	1.49	0.60	0.018	0.079
18	3.538	3.40	2.05	1.35	0.138	0.072
29	4.816	4.26	2.54	1.71	0.556	0.096
37	7.893	3.60	2.12	1.48	4.263	—
46	8.071	2.10	1.23	0.87	5.971	0.201

(2)蛋白质。果实蛋白质含量变化总是与果实呼吸强度变化相一致,二者有密切的联系。果实发育早期,细胞分裂旺盛,呼吸强度高。此时幼果需要大量的蛋白质和氨基酸,以组建新细胞。进入果实成熟期,随着呼吸高峰的出现,蛋白质含量出现第二个高峰。此时果实内正进行大量的物质转化,许多细胞组织解体,新物质生成,酶种类和活性增加很多,从而使蛋白质含量增加。而在果实膨大期内,蛋白质和总氮含量都为下降趋势。

（3）抗坏血酸（Vc）和有机酸。据测定，在幼果细胞分裂旺盛，呼吸最强时，果实维生素C含量最高，以后降低，至果实膨大后期又逐渐升高。甜瓜是所有瓜类中维生素C含量最高的，最高可达每百克鲜重60毫克。

幼果含较多的有机酸，果实成熟时，除部分被氧化外，多与醇类物质合成具有芳香味的酯类化合物；部分与无机离子结合成为有机酸盐。因此，果实成熟时具有香味，游离可溶性与糖形成不同的糖酸比值，组成特殊的果实风味。

2.果实成熟时物理特性的变化

果实成熟时，糖分增加（蔗糖增加最多）。出现呼吸高峰，酸类物质减少，出现果香味。物理特性变化为：果皮颜色由绿色转变为该品种成熟果颜色，硬度变小、比重减小等。

（1）果皮颜色。幼果叶绿素含量高，多呈绿色。果实成熟时，绿色逐渐褪色，不同品种呈现不同颜色。这些颜色为叶黄素、胡萝卜素和番茄红素等所显示的效果。

（2）硬度和比重。未成熟果实硬度大，成熟后变小。由于幼果细胞发育过程中，初生壁间充满了原果胶，中胶层中累积大量果胶酸盐，各细胞联系紧密，果实硬度大。至果实成熟时，果胶酶活性增强，分解原果胶为水溶性果胶和果胶酸，果胶酸盐解体，果实硬度减小。

随着果胶酸盐解体和原果胶的分解，各细胞间出现空隙，使果实比重由原来大于1.0而下降到1.0以下。

成熟果实还有许多物理的和生化的特性变化，生产中应及时掌握住果实的成熟度变化以便适时采收。

第四节　薄皮甜瓜生长发育对环境条件的要求

一、温度

甜瓜是喜温耐热的作物之一，极不耐寒，遇霜即死。其生长适

宜的温度,白天为 26～32℃,夜间为 15～20℃。甜瓜对低温反应
敏感,白天 18℃,夜间 13℃ 以下时,植株发育迟缓,其生长的最低
温度为 15℃。10℃ 以下停止生长,并发生生育障碍,即生长发育
异常,7℃ 以下时发生亚急性生理伤害,5℃ 8 小时以上便可发生
急性生理伤害。甜瓜对高温的适应性非常强,30～35℃ 的范围内
仍能正常生长结果。

甜瓜不同器官的生长发育对温度的要求有所不同,茎叶生长
的适温范围为 22～32℃,最适昼温为 25～30℃,夜温为 16～
18℃。当气温在 13℃ 以下、40℃ 以上时,植株生长停滞。甜瓜根
系生长的最低温度为 10℃,最高为 40℃,14℃ 以下、40℃ 以上时根
毛停止发生。为使植株根系正常生长,生育的前半期地温应高于
25℃,后半期应高于 20℃,18℃ 以下即有不良影响,若土壤冷凉且
水分过多,植株根毛易变褐,导致幼苗死亡,这在冬春栽培育苗中
容易发生。果实膨大时以昼温 27～32℃,夜温 18℃ 左右为宜,较
高的温度有利于果实的膨大。

甜瓜不同生育阶段对温度要求也有明显差异。种子发芽
的适温为 28～32℃,浸泡 4～6 小时后的种子在 30℃ 条件下
15 小时即可萌动。在 25℃ 以下时,种子发芽时间长且不整
齐,温度越低,出苗时间越长,同时还可能出现烂种、死苗现
象。甜瓜种子在低于 15℃ 的条件下不发芽。因此,必须在 10
厘米地温稳定在 15℃ 以上时才能直播或定植。幼苗期的温度
高低直接影响甜瓜的坐果和着花节位。较低的温度,特别是较
低的夜温有利于结实花的形成,使其数量增加,节位降低。因
此,要注意幼苗期夜温不可过高,安全值为 18～20℃,超过
25℃ 时结实花推迟开放,节位升高,开花坐果期的适温 28℃ 左
右,夜温不低于 15℃,15℃ 以下则会影响甜瓜的开花授粉,
35℃ 以上、10℃ 以下时对甜瓜的开花坐果极为不利。结果期
特别是膨瓜期以白天 28～32℃,夜间 15～18℃ 为宜。

甜瓜茎、叶的生长和果实发育均需要有一定的昼夜温差。茎

叶生长期的温差为 10～13℃,果实发育期的温差为 13～15℃。昼夜温差对甜瓜果实发育、糖分的转化和积累等都有明显影响,昼夜温差大,植株干物质积累和果实含糖量高;反之则积累少,含糖量低。

甜瓜全生育期的有效积温为早熟品种 1 500～2 200℃。中熟品种为 2 200～2 500℃,晚熟品种 2 500℃以上。

二、光照

薄皮甜瓜为喜光照作物,生育期间要求充足的光照,维持植株正常生长发育每天需有 10～12 小时日照。在此条件下,形成的雌花也较多;如每天日照 14～15 小时,则侧蔓发生早,植株生长快,而每天不足 8 小时的短日照,则对植株生育不利。当晴天多、光照充足时,植株生长健壮、茎粗叶肥、节间短、叶色深、病害少、品质好;在阴天及光照不足时,则茎叶细长,细胞壁薄而木质化程度差,叶片薄且色浅,易徒长感病,同化作用弱,糖分积累少,果实品质较差。薄皮甜瓜需要的总日照时数因品种而异,按熟期迟早区分一般为 1 100～1 500 小时或以上,基本规律是早熟品种需要光照总时数少,迟熟品种多;薄皮甜瓜光补偿点为 4 000 勒克斯,饱和点为 5.5 万勒克斯。在光照充足条件下,薄皮甜瓜生长健壮,表现为株形紧凑,节间和叶柄较短,蔓粗,叶大而色深。在连阴天光照不足的条件下,表现为节间、叶柄伸长、组织不发达,且易染病。但如烈日曝晒瓜面,则易遭日灼危害,因此,瓜农常采用叶片及杂草遮盖和翻瓜,避免日灼。

相对而言,薄皮甜瓜较厚皮甜瓜耐阴,即使在阴雨天气较多的条件下,也能较好地生长,但其果实糖度、品质、产量等方面,会受到不同程度的不利影响。

三、水分

薄皮甜瓜根系浅,叶片蒸腾量大,需水量较大,据测定:一株 2～3 片真叶大小的瓜苗,每昼夜要消耗 170 克水;雌花开花期每昼夜要消耗 250 克水;坐瓜后每昼夜要消耗几千克水;形成 1 克干物质,需要蒸腾水量约 700 克左右。大量的叶片蒸腾可以调节植株温度,是薄皮甜瓜耐热的基本功能,也是薄皮甜瓜对炎热气候环境的一种生物学适应。但薄皮甜瓜的根系不耐涝,受淹后易造成缺氧而致根系受损,发生植株死亡。故应选择地势高的田块种植薄皮甜瓜,且要有较好的排灌条件。实践证明,甜瓜较为耐旱,地上部要求较低的空气湿度,地下部要求足够的土壤湿度。在空气干燥地区栽培的甜瓜,甜度高,品质好,香味浓,皮薄;潮湿地区栽培的甜瓜水多、味淡,香味和品质都较差,因此,在夏季炎热少雨时,常能获得丰收,而潮湿多雨,甜瓜容易染病,生长不良。薄皮甜瓜能耐稍高的空气湿度,它在日照不很充足,多雨潮湿,也不致造成严重减产。但过于潮湿则生长弱,容易发病。

薄皮甜瓜不同时期对水分的要求不同,苗期需水不多,但因植株根系浅,要保持土壤湿润。开花结果期,是薄皮甜瓜一生水分需要最多的时期,应增加灌水量保证土壤有充足的水分。果实膨大期,土壤水分不能过低,以免影响果实膨大。

四、土壤

薄皮甜瓜易发生枯萎病,不宜连作。

薄皮甜瓜对土壤的适应性较广,各种土质均可栽培。最适宜薄皮甜瓜根系生长的土壤为土层深厚、排水良好、肥沃疏松的壤土或砂壤土或轻度黏壤土。经验证明,凡在砂壤土上种植的薄皮甜瓜,发苗快、成熟早、品质好,但植株容易早衰,发病也早;而在黏性土壤上种植的,幼苗生长慢,但植株生长旺盛,不早衰,成熟晚,产量较高,但品质逊于砂壤土上种的瓜。

薄皮甜瓜根系好气性强(呼吸作用强),要求土壤通气性好。一般认为土壤空气含量为 18%～20%为宜。土壤空气含量高,根系对矿物质营养的吸收力强,且根系的生长量大。

薄皮甜瓜对土壤 pH 值要求并不严格,但以 6～6.8 较为理想,土壤偏酸会引起钙、镁的缺乏和锰中毒现象,使植株出现叶片黄化、褐斑坏死,且易感枯萎病。薄皮甜瓜耐盐性较高,一般土壤中,只要含盐量不超过 1.114%,都能正常生长。但甜瓜不耐氯,属忌氯作物,要求土壤氯离子≤0.015%。因此,含氯化肥,如氯化铵、氯化钾等不宜施用。

甜瓜比较耐瘠薄,但增施有机肥,肥料合理配比,可以实现高产优质。

五、营养

甜瓜对矿质营养需求量大,从土壤中可大量吸收氮、磷、钾、钙等元素。矿质元素在甜瓜的生理活动及产量形成、品质提高中起着重要的作用。供氮充足时,叶色浓绿,生长旺盛;氮不足时则叶片发黄,植株瘦小。但生长前期若氮素过多,易导致植株疯长;结果后期植株吸收氮素过多,则会延迟果实成熟,且果实含糖量低。缺磷会使植株叶片老化,植株早衰,增施磷肥可以促进根系生长和花芽分化,提高植株耐寒性;增施钾肥可以提高植株的耐病性。有利于植株进行促进光合产物的合成和运输,提高产量。并能减轻枯萎病的为害。

钙和硼不仅影响果实糖分含量,而且影响果实外观。钙不足时,果实表面网纹粗糙,泛白;缺硼时果肉易出现褐色斑点、甜瓜对矿质元素的吸收高峰一般在开花至果实停止膨大的一段时间内。施肥时既要从整个生育期来考虑,又要注意施肥的关键时期,基肥与追肥相结合。在播种或定植时施入基肥,在生长期间及时追肥。为满足甜瓜对各种元素的需要,基肥主要施用含氮、磷、钾丰富的有机肥,如圈肥、饼肥等;追肥尽量追施氮、磷、钾复合肥等,一般不单纯施用尿素、硝酸铵等化肥。尤应注意在果实膨大后不再施用速效氮肥,以免降低含糖量。另外,在甜瓜栽培中,铵态氮肥比硝态氮肥肥效差,且铵态氮会影响含糖量,因此,生产中应尽量选用硝态氮肥。

据试验,薄皮甜瓜需肥量较厚皮甜瓜要少,每株薄皮甜瓜氮的最适需求量为 6～12 克,磷 12～18 克,钾 20 克。考虑到肥料流失等因素与肥料的实际利用率,每株氮的施用量以 12 克为宜,磷 25

克为宜,钾 20 克为宜。生产中应重视磷钾肥的配合施用。鉴于每块瓜地土壤肥力并不一致,应提倡测土配方施肥。据测定,每生产 1 000 克果实,需要氮(N)4.6 克,磷(P_2O_5)3.4 克,钾(K_2O)3.4 克。甜瓜较适宜的氮磷钾比例为 3.28∶1∶4.23。

二氧化碳气体(CO_2)是甜瓜光合必不可少的呼吸底物。通常大气中 CO_2 为 300～350 毫升/平方米,温室和大棚夜间可达 500 毫升/平方米以上,当白天 CO_2 下降至 100 毫升/平方米,光合效率仅有 300 毫升/平方米的 20%～30%。

第三章　薄皮甜瓜栽培品种

第一节　薄皮甜瓜的分类

薄皮甜瓜是甜瓜的变种。这类甜瓜植株比较矮小,长势中等,叶色深绿,叶片、花、果实、种子均比较小。果皮光滑软薄易裂不耐贮运,皮的厚度一般在 0.1～0.5 厘米,可连皮食用,肉厚 1～2.5 厘米,常具芳香味,折光糖含量为 10％～13％,瓜瓤与附近汁液极甜,较抗病,耐湿耐弱光。

薄皮甜瓜目前有两种分类方法,一是传统的园艺学分类方法,二是植物学分类法。两种方法,各有特点。

一、传统的园艺学分类方法

传统的园艺学分类方法其优点是与栽培技术密切结合。同时,在实际生产中,也需要利用园艺学上的分类系统,制定相应的实用栽培技术。

(一)按皮色分类

如按皮色分,可分为以下几个类群。

1.白皮品种群

瓜皮白色、乳白色或白绿色,成熟时表皮常转变为黄白色。主要品种有梨瓜、苹果瓜、廿世纪、华南 108、雪梨瓜、广州蜜瓜、蜜糖罐、银辉(F1)、白线瓜等。

2.黄皮品种群

成熟时,皮色明显变黄。主要品种有:十棱黄金瓜、镇海黄金瓜、八方瓜、黄金醉、南阳黄、喇嘛黄、荆农四号、春香、金太郎、太阳红等。

3.绿皮品种群

瓜皮绿色或墨绿色,有深绿色条纹或白色条沟。主要品种有牛角酥、杭州绿皮、青皮绿肉、美都、铁把青、海冬青、青羊头、十道子、羊角蜜等。

4.花皮品种群

瓜皮底色绿白相间,上有绿色斑纹或条纹,统称花皮。主要品种有:芝麻酥、太阳红、王海、小花道、蛤蟆酥、大香水、小香水等。

5.其他

主要品种有金塔寺、芝麻粒等小籽品种,以及老头乐、老来黄等绵瓜系统品种,在甘肃、河北、山东等地均有栽培。

（二）按栽培目的分类

（1）鲜食用。此类型果实成熟作水果鲜食。如花皮菜瓜、白皮菜瓜、青皮绿肉、黄金瓜、小白瓜等。

（2）加工用。用于酱菜、制罐等,可用未熟果或糖度低的品种,但需具良好的加工品质,如黄瓜、越瓜、梢瓜、蛇瓜。

（3）观赏用。此类型既不能食用,又不适宜加工,但极香,如闻瓜。

（三）按结果习性分类

（1）主蔓结果类型。此类型主蔓基部即着生结果花,如窝里围。

（2）子蔓结果类型。此种类型子蔓基部即出现结果花,可利用子蔓和孙蔓结果,如一窝猴。

（3）孙蔓结果类型。此种类型主蔓,子蔓结果花出现迟而少,但孙蔓第一节即出现结果花,只能利用孙蔓结果。

（四）按熟性

（1）早熟种。全生育期 60～70 天。

（2）中熟种。全生育期 70～80 天。

（3）晚熟种。全生育期 80 天以上。

（五）按果肉质地

（1）脆肉类型。肉质爽脆,如银瓜。

(2)面肉类型。肉质如面,如老头乐。

(3)半脆半面类型。肉质介于脆、面之间,如王开瓜。

(4)软肉类型。软而多汁,如某些具有薄皮甜瓜特性的中间类型育成种。

(六)按果肉含糖量

(1)低糖型。可溶性固形物含量在 8% 以下。

(2)中糖型。可溶性固形物含量在 9%～12%。

(3)高糖型。可溶性固形物含量在 13%～17%。

当然也可以按其他性状,如性型、株型、肉色、瓤色、种皮颜色、果面棱沟有无、果形等来进行分类。按照传统的园艺学分类,其最大优点是能较密切结合生产,如按栽培目的分类,可根据需要选用不同用途的品种;按结果习性分类,便于采用不同的整枝方法;按熟性不同分类,有利于在露地栽培时排开播种期,使产品均衡上市;按肉质、含糖量分类则关系到市场性;按皮色分类关系到市场消费习惯;按种子大小分类,则便于决定单位面积的用种量。

二、植物学分类法

传统分类法虽在生产上有其实用性,但不能完全确定其在植物学的分类地位。参照日本安井、胜又(1964 年)薄皮甜瓜的分类方法以及上海陈海荣(陈海荣,1999)收集、整理、鉴定的类型,目前江浙一带栽培的薄皮甜瓜可以归纳以下几个变种。

(1)普通甜瓜变种(棱瓜变种)*Cucumis melo* L. var. *makuwa* Makino。本变种的果形有许多类型,有近球形、卵圆形、牛角形等,而以瓜果表面分布有极明显的棱沟为其主要特征。

(2)梨瓜变种 *Cucumis melo* L. var. *albida* Makino。本变种的果形有梨形,也有圆形和圆柱形,果表面无棱沟,光滑饱满。

(3)黄金瓜变种 *Cucumis melo* L. var. *flava* Makino。本变种的果形与 var. *makuwa* Makino 相似,但果表面没有棱沟。果面手感比较饱满平滑,少数品种有不规则或不明显的浅凹凸。

(4)越瓜变种 *Cucumismelo* L. var. *flexuosus* Naud。果实长

圆筒形或椭圆形、果面光滑、长 20～30 厘米,单果重 0.4～2.5 千克,果皮绿白、墨绿或有深绿斑纹。果肉白或浅绿色,味淡无香气。越瓜又分生食与加工两个类型。生食类型果皮薄、果肉质脆、多汁。加工类型果皮较厚、果肉致密,有两尺左右长的又叫梢瓜。

(5)菜瓜 *Cucumismelo* L. var. *flexuosus* Naud。果肉质,长圆筒形,外皮光滑,有纵长线条,绿白色或淡绿色。果肉白色或淡绿色,汁多、质脆。

各个变种中都各有若干地方品种。

第二节　薄皮甜瓜品种的选择

一、新品种选择的原则

目前薄皮甜瓜种植表现较好的品种有两大系列:一是常规品种;二是杂交品种。

近年来,由于市场对薄皮甜瓜的需求不断扩大和变化,种植薄皮甜瓜的比较效益高,因此,薄皮甜瓜生产得到了很快的发展。特别是杂交薄皮甜瓜在抗病能力、商品性、产量等方面都具有明显的杂种优势,给杂交薄皮甜瓜栽培者带来了巨大的经济效益,因此,各地掀起引种杂交薄皮甜瓜新品种的热潮,又进一步促进了杂交薄皮甜瓜新品种的大量推出和杂交薄皮甜瓜品种的快速更新。杂交薄皮甜瓜新品种的不断涌现,一方面为杂交薄皮甜瓜栽培者提供了广阔的选择余地;另一方面也迷惑了杂交薄皮甜瓜栽培者,引种不当造成的失败每年都有发生。不同杂交薄皮甜瓜品种对不同生态环境的适应性是不一样的,因此,不同地区栽培、不同栽培方式以及不同栽培季节适用的杂交薄皮甜瓜品种也就大不相同。特别是由于各地的消费习惯不同,从而造成了市场适销性的不同。因此,最好的杂交薄皮甜瓜品种都不可能是放之四海而皆准的品种。由于经营杂交薄皮甜瓜种子有利可图,许多单位纷纷购买杂交薄皮甜瓜种子,自己起新名上包装。一个杂交薄皮甜瓜品种一个经销商起 1 个名,甚至同一个经销商将 1 个品种起 4～5 个名,以致同种异名,同名异种现象相当普遍。由于绝大多数杂交薄皮甜瓜种子包装单位对各地的薄皮甜瓜生产情况不了解,不掌握自家包装杂交薄皮甜瓜品种的适应性(即品种适于那些地区栽培)、市场适销性(果实适合那些地区的瓜贩收购或消费)的条件下,不管包装的杂交薄皮甜瓜是抗病品种,还是不抗病品种;是子蔓结果的品种,还是孙蔓结果的品种;是高糖品种,还是中糖品种;适合东北栽培的品种,还是适合华东栽培的品种;是适合温室大棚吊蔓栽培的品种,还是适合露地栽培的品种。均在甜瓜种子包装袋上或广告上写特抗病,子蔓孙蔓均可结果,糖度 18 度,特甜,适于全国各地保护地和露地栽培,并据此向全国各地投放种子。结果常因品种的适应性、适销性或栽培方法不当,给瓜农造成重大损失。

因此,选择薄皮甜瓜必须严格遵循以下原则。

(1)引种薄皮甜瓜新品种必须先试验再大面积推广。

(2)引种的薄皮新甜瓜品种必须考虑适应性的问题,务必适应本地栽培。

(3)引种薄皮甜瓜新品种要符合本地的适销性。

(4)引种薄皮甜瓜新品种必须按照不同栽培季节、不同栽培方式、不同整枝方式的要求进行栽培。

(5)紧跟薄皮甜瓜市场适销潮流,选择薄皮甜瓜新品种。

(6)要做到"两个全面了解"、"三个看"。

两个全面了解,一是要全面了解薄皮甜瓜品种选育情况,二是要全面了解所选薄皮甜瓜新品种的生物学特性、对环境条件的要求及其栽培技术要点。

"三个看"是:一看外观、品质和市场;二看丰产性、适应性和抗逆性;三看对生长环境和管理水平的要求。并要按照其结果习性、果实发育习性来进行科学栽培,以减少栽培管理不当而直接造成经济损失。

二、薄皮甜瓜常见品种

(一)地方品种

按皮色、果形分,有以下类型。

1.黄金瓜类型

皮色黄或金黄,果实有长筒形、椭圆形、卵形和短圆形。

(1)黄金瓜。杭州地区的优良地方品种。早熟,生育期约 75 天。果形指数 1.4~1.5,单瓜重 400~500 克,皮金黄色,表面平滑,近脐处有不明显的浅沟,脐小,皮薄。果实高圆筒形,单瓜重 0.4~0.5 千克。皮色金黄鲜艳,表面平滑,外观美,脐小,皮薄。果肉厚约 2 厘米、白色,质脆而甜,爽口,折光糖含量 12%左右,风味好,品质中上等。种子小,白色,千粒重 14 克。本品种耐湿、耐热,较耐贮藏。是杭州、绍兴、江苏太湖地区普遍栽培品种。

(2)十棱黄金瓜。十棱黄金瓜又名"黄十条筋",生育期 70~75 天。是上海地区的地方品种。果实小,短椭圆形。金黄色,果面有 10 条白色棱沟,脐小而平,皮薄。单瓜重 0.2~0.3 千克,果肉白色,皮薄而韧,果肉厚 1.5~2.0 厘米,质脆味甜,有清香味。干物质含量 7.5%,维生素 C 含量 15.1 毫克/100 克,折光糖度含量 11%左右,品质佳,单瓜重 250~400 克,早熟品种,生育期约 80 天。种子乳白色,千粒重约 12 克。不耐贮运,易裂果。江浙均有栽培。

(3)黄梨瓜。中熟,生育期 80~85 天。植株生长势强,较耐湿、耐叶部病害。果实大,着果性好,产量较高。果实高圆形或梨形,黄皮,果面光滑,色泽好。单瓜重 0.5~0.6 千克。果肉白色,水多,味较淡。折光糖含量 9%。

(4)黄皮香瓜。中早熟,生育期 80 天,开花至果实成熟,约需 27 天。果实中等大,金黄色,有时出现浅黄斑块,梨形。单果重 0.4~0.5 千克。果皮薄,果肉厚 1.8~2.2 厘米,白色,质地细软。折光糖含量 11%~12%,味甜可口。采收不及时会出现裂果。

(5)江宁黄皮。中熟,果实形状与黄皮香瓜相似,但略扁,皮色淡黄,不鲜艳。单瓜重 0.5 千克左右。果肉白色,肉厚 1.8~2.0 厘米。折光糖含量 9%~11%。外观和品质不如黄皮香瓜,但适应性强,栽培容易,比较稳产。

(6)黄金蜜翠。原名 9×10,江苏省农业科学院蔬菜研究所育成的薄皮甜瓜杂交一代。早熟种,全生育期 75 天,雌花开放后 28 天成熟。果实长圆筒形,平均单瓜重 0.4~0.5 千克。成熟时果皮金黄光滑美艳,无条带。果肉雪白脆嫩,肉厚 2.0 厘米,中心糖 11.5%~12.0%,气味芳香,风味佳良。果实耐贮运。采收适期以果皮由淡黄转成金黄色并散发香气为宜。适宜于华东地区春季地膜覆盖及小棚覆盖栽培。

(7)黄金 9 号。自日本米可多公司引进。早熟,金黄色,色泽艳丽,果面光滑,外观美,果形与黄金瓜相似,长圆筒形。耐湿且抗白粉病,是重要的育种亲本。单瓜重 0.3~0.5 千克。折光糖含量 11%~12%。果肉乳白色,肉厚 1.6~1.8 厘米。采收若不及时,会出现少量裂果。

(8)荆农 1 号。果实短筒形,单瓜重 500~700 克,果皮黄色,有十条白绿色浅纵沟,皮薄而韧,果肉黄白色,肉厚 2 厘米,肉质细脆味甜,折光糖含量 13%以上,高者 16%,品质上等。胎座及种子均为黄白色,种子千粒重 15.6 克。耐涝、抗旱、抗病,丰产性好。中早熟品种,生育期 85 天。

2.雪梨瓜类型

果皮乳白或绿白色,成熟时蒂部转为黄白色,果形扁圆或微扁圆形。

(1)梨瓜(雪梨瓜)。浙江、上海、江西一带的主栽品种。梨瓜,又名白洋瓜。中熟,生育期约 90 天。果实扁圆形或圆形,顶部稍大,果面平滑,近脐处有浅沟,脐大,平或稍凹入。单瓜重 350~600 克。幼果期果皮浅绿色,成熟时转白绿色,熟后微黄。果皮韧,果肉白色,果肉厚 2~2.5 厘米,质脆味甜,多汁清香,风味似雪梨故又名雪梨瓜。折光糖含量 12%~13%。种子白色,千粒重 13

克左右。中熟种,生育期约 90 天。丰产性好,长江中下游各地均有梨瓜,比较著名的有江西上饶梨瓜、临川梨瓜、浙江平湖白梨瓜和江苏白蜜瓜等,是长江中下游地区的主栽品种。

(2)华南 108 或广州密瓜。华南 108 果形指数稍大,圆球或半高圆梨形,单瓜重 500～700 克。皮黄白微带绿色,果脐大,脐部有 10 条放射状浅沟,外形整齐美观。果皮乳白微带淡绿黄。果肉厚约 1.7 厘米,白色,肉质细、沙脆适中,成熟时脐部有香味,含糖高,折光糖度含量 13%～15%,品质上等,果皮较厚,较耐贮藏与运输。种子黄白色。中熟种,生育期 90 天左右。该品种耐湿、耐病性强。

(3)甬甜 8 号。该品种由宁波市农业科学院蔬菜研究所选育而成,以设施栽培较为适宜。果实梨形,单果质量约 0.45 千克;果皮白色,果肉白色,中心折光糖含量 13%左右,口感脆甜、香味浓郁;春季果实发育期 30 天左右,全生育期95～110 天。适宜华东地区春季设施栽培,耐低温性好,田间对蔓枯病、霜霉病及白粉病的抗性较对照小白瓜强,亩产量 2 500 千克左右。

(4)苹果瓜。中熟,生育期 85～90 天。果实微扁形或圆形。顶部比梨瓜宽,果脐大、平,成熟时果皮乳白色。果形圆整,外观好,颇受市场欢迎。果肉白色,肉厚 2 厘米左右,质脆,汁多。折光糖含量 11%左右。

(5)廿世纪。中熟,开花至果实成熟 28～30 天。果实外形、大小和品质略有差异。扁圆形或圆球形,果面平滑。单瓜重 0.4～0.55 千克,果实转熟时为淡黄绿色。果肉白色,肉厚 1.8～2.2 厘米,质细,味甜。折光糖含量 13%～14%。成熟时蒂部有环状裂痕,耐湿但不耐病,特别易感炭疽病,不耐贮运。

(6)广州蜜瓜。广州市农业科学研究所自华南 108 中选育出的优良品种。中早熟,生育期约 85 天。果实扁圆形,果实略小,单瓜重 0.4 千克左右。果皮白底现淡黄色,脐小。果肉绿白色,肉厚 2 厘米。肉质脆沙适中,成熟时散发香味,可口、味甜。折光糖含量 12%以上。耐湿、耐热,较抗枯萎病,但不抗霜霉病和炭疽病。

(7)蜜糖罐。原产华南。耐湿、耐热且抗霜霉病,有较强的耐病毒能力。中熟,果实扁圆形。果皮乳白或白色,脐中等大小。果肉乳白色,肉厚 2 厘米,质地脆,汁多,味淡。折光糖含量 9%左右。

(8)银辉(F1)。台湾农友种苗公司培育。早熟,长势强,结果性好,优质稳产。果实近扁圆形,成熟时果皮乳白色,有光泽,稍带淡黄绿色。果面光滑,外观好,很受市场欢迎。成熟时果蒂不易脱落,亦不裂果。果肉淡白绿色,肉厚 1.8～2.2 厘米,果重 0.4 千克,整齐度高,肉质细嫩爽口。折光糖含量 12%左右。

(9)美都白梨。该品种植株蔓性,长势较旺,以侧蔓结瓜为主。开花后 30 天左右成熟。瓜圆球形,瓜皮未成熟时绿白色,成熟时白色,单瓜重 300～600 克,糖度 13～14 度,品质佳,一般亩产约 2000 千克。

(10)白啄瓜。此品种为浙江温州、瑞安的优良地方品种。果实扁圆或近圆形,果形指数 0.85～0.90,单瓜重 300～400 克,果皮乳白色,果面光滑。果肉白色,厚 2.5～3.0 厘米,果肉质脆水分多味甜,折光糖度含量 12%～13%。中熟品种。

(11)亭林雪瓜。上海市优质地方品种。果实高圆形,果皮乳白色,有棱沟 10 条,果肉绿白色,果肉厚 1.5～2 厘米,果肉质脆多汁味甜,折光糖含量 13%左右,品质极佳。中晚熟品种,生育期 95 天左右,果实发育期 35 天左右,生长势强,易感病。

(12)蜜汁瓜(蜜筒瓜)。杭州郊区的主栽品种。果形中等,为果端稍瘦的圆球形,果形指数 1～1.1。单瓜重 500～600 克,果面略有突起,棱沟较明显,脐大、平或突起,蒂部形成环状裂纹。果肉厚 2 厘米左右,果肉绿色近瓤处黄绿色,质脆味甜,折光糖含量 11%～12%,干物质含量 8%,每百克果肉中维生素 C 含量为 32 毫克左右,香气少,品质极佳,成熟度不足时风味差,过熟则易发酵变质。种子小,白色,千粒重 12 克左右。

(13)雪丽(鼎甜雪丽)。此品种在宁波慈溪一带种植面积较大,为杂交一代薄皮甜瓜,极早熟,从开花至果实成熟约 25 天,果实高圆形,丰满,齐整,果皮、果肉似白雪一样美丽,折光糖含量 17%,特甜,香气浓郁;不裂瓜,耐运输;单瓜重 500～600 克,适应性强。2～6 月均可播种。露地栽培为主。

(14)白皮脆瓜。该瓜又称白皮菜瓜。果实长卵形,长约 2.0～2.5 厘米,横径 8～10 厘米,柄端稍细,单瓜重 1 千克左右。果皮薄,淡绿白色,果肉厚 2.5 厘米左右,白色。成熟时果微甜,略有香味,清脆爽口。以夏秋季种植为主。

3.青皮绿肉类型

果皮灰绿、绿、墨绿色,果形有长筒形、牛角形、梨形等,果肉绿色、浅绿色。

(1)海冬青。海冬青又名"青皮绿肉"或"青皮青肉"。中晚熟,生育期 90 多天,果实长卵形或长筒形,单瓜重 0.5～0.6 千克。果皮灰绿近绿色,果面有不规则浅色晕斑和软茸毛及浅棱纹分布,果肉青绿色,果肉厚 2 厘米左右,胎座淡黄,质脆味甜,有清香味,品质好。折光糖含量 12%～14%。较晚熟。上海、浙江一带普遍栽培。

(2)牛角酥。该品种中熟,植株强健,叶色深。果实形状似牛角,蒂部细尖,脐部稍宽。果皮灰绿色,果实两端皮色浓绿。脐平。单瓜重 0.5 千克左右。果肉绿色,从果皮至果瓤肉色渐淡。果肉厚 1.8 厘米,质略脆,成熟时酥软,味稍淡。折光糖含量 10%～11%。

(3)杭州绿皮。该品种中早熟,果实圆球形或高圆形,灰绿色,具有光泽,果面有不规则晕斑,皮薄易碰伤。单瓜重 0.4 千克左右。果肉绿色,质脆、味甜、水多,肉厚 1.6～1.8 厘米,品质中上等。折光糖含量 12%左右。易裂果,不耐贮运。

(4)青皮绿肉。该品种中熟,果实长圆筒形,蒂部略细。果皮灰绿或银灰绿色,果面平滑,近脐部有暗绿细条纹,脐平。近皮部的果肉为深绿色,逐渐变浅或绿黄色。果肉厚 1.6~1.8 厘米,质脆、味浓。折光糖含量 10%~12%。为江苏、安徽、浙江一带常见的薄皮甜瓜类型,适合大众消费人群。

(5)美都。该品种从上海菲托种子有限公司引进。植株蔓性,长势旺,以侧蔓结瓜为主。瓜圆形或高圆形,皮青绿色,表面有 8~10 条绿色棱沟。单瓜重约 350~450 克。肉淡绿色,肉质脆,味甜,糖分 14%左右,有香味,品质优,商品性好。亩产约 2 500 千克。

4.花皮类型

果皮有两种以上的颜色,果形多为筒圆形或梨形。

(1)花皮脆瓜。又称花皮菜瓜。果实长圆筒形,单瓜重 1~1.5 千克,果皮绿色,上有深绿色条纹,果皮脆,果肉绿色,果肉厚约 2.4 厘米,质脆多汁,味淡。

(2)芝麻酥。该品种中熟,果实长圆筒形,顶部稍细。果皮底色黄,上有绿条状斑纹。单瓜重 0.5~0.8 千克。脐小且平,绿肉,质细味甜有芳香。种子特别细小。质地酥绵,容易倒瓤,不耐贮运。

(3)太阳红。该品种中熟,果实长卵形或梨形,有的横径较宽似短筒形。幼果为暗绿色,成熟时转橙红或暗红,自蒂部向下有放射状暗绿色斑状。果脐大,突出,果面有沟纹。果肉淡红或橙红色,肉厚 1.6~1.8 厘米,质地松酥,不耐贮运,味淡。折光糖含量 9%左右。

(4)薄皮甜瓜"慈瓜 1 号"。该品种由慈溪市坎墩惠农瓜果研究所、慈溪市农业科学研究所、宁波市农业科学研究院蔬菜研究所系统选育而成。该品种(图 3-1)植株蔓生,生长势中等。果实发育期 30 天左右,春季种植生育期为 89 天左右,比同时种植的地方花皮菜瓜品种迟开花 1 天。果实圆筒形,果长 20.6 厘米,果宽11.5 厘米,肉厚 2.7 厘米,果皮墨绿色与淡绿色条纹相间,平滑,墨绿花纹 8~9 条,成熟瓜瓤呈橙红色,瓜瓤 3~4 条,中间分离,肉厚多汁,适宜于生食。单果重 1.1 千克左右,果形指数约 1.79,果肉厚 2.7 厘米左右,果肉淡绿色,中心可溶性固形物含量(以折光糖度计)5.12%,质脆、多汁、清口、口味佳、风味醇厚;果皮底色淡绿色,覆墨绿色条纹。种子扁平,呈长卵圆形,乳白色,千粒重16克。

图3-1　慈瓜1号

　　该品种生长健旺,易栽培,产量高,商品性好,口感较好,适合浙江省种植。2008年三点品种比较试验,"慈瓜1号"的平均亩产为2 436.3千克,比地方花皮菜瓜品种略增产0.3%;2009年,"慈瓜1号"的平均亩产为2 964.5千克,比对照增产5.0%;二年平均亩产为2 700.4千克/亩,较对照增产2.8%。

　　(二)杂交薄皮甜瓜

　　杂交薄皮甜瓜品种很多,目前适于我国北方栽培的杂交一代薄皮甜瓜品种主要有:耐重茬白瓤黄白带绿晕纵条纹类型(金妃、甜妃、直根王、高真糖王、抗霸天下、高抗糖王等);耐重茬白瓤淡黄白皮纵条纹类型(早甜美、早特甜、天下一)、白瓤黄白带绿晕光皮类型(红城十、红城十五)、特大白瓤黄白带绿晕光皮类型(甜美人、京蜜);耐重茬白瓤淡黄白色光皮类型(金福)、绿皮绿肉绿瓤(翠宝、绿博特2、绿脆特)、绿皮绿肉红瓤(翠姑、桔腔翠宝)、白肉花皮(花姑娘、金花姑娘)、绿肉花皮(青花脆、金花脆、花雷、花蕾1)、早熟白瓜(星甜18、金典、白金、铂金、大典)等。

　　适宜南方栽培的杂交薄皮甜瓜有宁波市农业科学研究院培育的甬甜8号,福建省农业科学院生物资源所等培育的"丽玉"、"新盛玉",福建省福州蔬菜科学研究所选育的M×8,天津市津德瑞特种业有限公司培育的博洋1号、博洋2号,郑州市中原西甜瓜研究所培育的超甜白凤2号、津甜100,合肥丰乐种业股份有限公司培育的银宝,安徽省安生种子有限责任公司育成的安生青太郎,江苏南通沿江地区农业科学研究培育的通甜一号,中国农业科学院郑州果树研究所选育的白玉满堂。

图3-2　甬甜8号甜瓜

1.甬甜8号

该品种(图3-2)由宁波市农业科学院育成。母本为温州薄皮甜瓜地方品种白啄瓜经6代定向系统选择获得的稳定自交系BZ-15-9-7-5-3-1(简称为BZ)。父本为宁波地方品种小白瓜经6代系统选育获得的稳定自交系BH-6-12-9-4-3-1(简称为BH)。2013年12月通过浙江省非主要农作物品种审定委员会审定(浙非审瓜2013004),定名为甬甜8号,目前已在宁波及周边地区示范推广70公顷。植株生长势较强,叶片深绿,五角形,缺刻深。株型紧凑,孙蔓结果,最适宜的坐瓜节位为孙蔓第5～15节。果实梨形,果形指数0.93左右,白皮白肉,肉质松脆、香味浓郁。中心折光糖含量13%左右,单果质量为0.38～0.51千克,春季果实发育期30天左右,全生育期95～110天。具有耐低温性好、易于栽培、坐果性好、不易裂果、较抗蔓枯病。

2.丽玉

该品种由福建省农业科学院良种研究中心育成。该品种全生育期75～95天,瓜发育期28天左右,属早熟梨型薄皮甜瓜之一,具有适应性强、耐热、耐湿、抗病、露地栽培容易等特点。雌花多且易坐瓜,产量极高,平均亩产1 600千克。瓜呈梨圆形,果皮白色带黄晕,外观漂亮,果重约450克,大小整齐,折光含糖量达15%～17%,果肉淡白绿色,质地细腻,香味浓郁,香甜可口。

3.新盛玉

该品种（图 3-3）为福州市农业科学研究所和福建省农业科学院农业生物资源研究所合作引进的台湾省薄皮甜瓜新品种，2011 年通过福建省农作物品种认定。早熟、优质、耐湿、抗病性强。春季栽

图 3-3　新盛玉甜瓜

培全生育期 80～100 天,果实发育期 28～30 天,果实梨圆形,果皮绿白色,果肉淡绿白色,肉厚 1.4～1.8 厘米,香味浓郁,甜脆适口,单瓜质量 0.28～0.5 千克,中心可溶性固形物含量 12.5％～13.8％。种子较小,椭圆形,浅黄色,千粒重 10～12 克。较耐贮运,一般亩产量 1 600 千克左右。

4.博洋 1 号

该品种由天津市津德瑞特种业有限公司育成。瓜皮浅灰白色,均匀一致,瓜呈大羊角形,长 28～35 厘米,横径约 10 厘米,单瓜重 1～1.5 千克。成熟后果肉绿色,瓤橘红色,中心折光含糖量达 12％以上,肉多汁、脆酥可口,是薄皮甜瓜中的佳品。

该品种用于保护地及露地栽培。子蔓及孙蔓均可结瓜。多施腐熟饼肥及农家肥,追施磷钾肥可以提高品质及保证产量。为确保品质,建议:①慎用膨大激素;②成熟后采收。

5.博洋 2 号

该品种（图 3-4）由天津市津德瑞特种业有限公司育成。瓜阔梨形,早熟性强,成瓜快,开花后 26～28 天成熟;单株可坐瓜 5～8 个,子蔓、孙蔓均可结瓜。生长健壮,抗逆性及抗病性强。瓜面光滑无棱沟、深绿色;果肉翠绿、肉厚,质地脆酥香甜,口感风味极佳,充分成熟的瓜中心折光含糖量达 19％～21％;单瓜重 700～850克,不易裂瓜、耐运输。保护地栽培每亩产量可达 8 000～10 000

图 3-4　博洋 2 号

图 3-5　超甜白凤 2 号

千克。适宜越冬温室、早春大棚立体吊蔓栽培以及小拱棚和露地地膜栽培。

6.超甜白凤 2 号

该品种(图 3-5)由郑州市中原西甜瓜研究所培育而成。生育期 80 天,极早熟,生长势强,适应性广,我国南北甜瓜产区均可种植。瓜近圆形,开花后 22～25 天成熟,白皮白肉,单瓜重 500～750 克,含糖量 18% 以上。肉质嫩脆爽口,风味香甜,品质极佳。抗白粉病,裂瓜现象少,适应性强,适合露地、保护地栽培。一般株产优质瓜 6～8 个,每亩高产可达 4 000 千克。

7.银宝

该品种(图 3-6)由合肥丰乐种业股份有限公司培育而成,全生育期 90 天左右,平均果实发育期 32 天左右。植株生长势较强,茎蔓健壮,易坐果,子蔓、孙蔓均可坐果,坐果整齐一致,叶片中等大小,近圆形。叶色深绿。雄花、两性花同株。果实梨圆形,果皮白色,果面光滑,果肉白色,腔较小,剖面好,果肉厚度 2.2 厘米左右,平均中心可溶性固形物含量 12.5% 左右,可溶性固形物含量中边差梯度小,一般在 3.5%～4.5%,可食率高,肉质脆酥,香味较浓,平均单瓜质量 0.4 千克左右,平均亩产量 1 546 千克。

图 3-6　银宝薄皮甜瓜

8.安生青太郎

该品种(图3-7)由安徽省安生种子
有限责任公司选育而成。植株蔓生、生长
势健壮;早熟、果实发育期26~28天;果
实圆整略偏高圆球形,成熟果浅绿色,有
深绿色条纹,无棱沟,果面光滑有蜡粉;果
皮薄,果肉绿色厚约2.8厘米,味香甜,质
脆爽口,中心折光含糖量达17%左右,单

图3-7　安生青太郎

果质量约0.7千克;中抗枯萎病和蔓枯病。具有早熟、品质好、风
味佳、商品外观美、不易裂果等优良性状。

9.通甜1号

该品种是江苏沿江地区农业科学研究所以野生甜瓜wm-13
作为父本,自交系msc-21作为母本配制育成的杂交品种,该品
种较早熟,生育期78天左右,生长势较旺,花期较为集中,坐果率
高,果实呈椭圆形,瓜皮深绿色平均单果质量800克左右,成熟时
果皮深绿色带黄绿条块,果肉橙黄色,厚约2.6厘米,果肉中心固
形物含量为13%左右,耐高温高湿,较抗白粉病与霜霉病,耐贮
运,适宜在保护地栽培。

10.白玉满堂

该品种母本EF8是以浙江地方品种白啄瓜和推广面积较大

图3-8　白玉满堂薄皮甜瓜

的广州蜜杂交一代经11代连续
自交选择育成的高代自交系。
父本EF24是以山东地方品种
益都银瓜和引进日本甜宝杂交
一代经11代连续自交选择育成
的高代自交系。该品种(图3-
8)茎蔓生长势中庸,主蔓较粗,
节间中等长,叶片较小,叶色深
绿,叶柄及主脉短且具硬刚毛。

叶缘裂刻较浅,叶柄中等长。全生育期85~100天,雄花两性花同株。雌花在主蔓、子蔓上发生较晚,而在孙蔓上发生较早,子蔓、孙蔓均可坐果,以孙蔓坐瓜较早且整齐一致。果实从开花到成熟28~33天。果实圆形至梨形,果形指数1.0~1.1,果皮白色、成熟时有黄晕,光皮,果肉白色,种腔小,肉厚1.7~2.0厘米,果实中心可溶性固形物13.1%~14.8%,松脆爽口,口感好。果实成熟后不易落蒂。耐贮运性较好。单果重0.38~0.44千克,亩产量1 500~3 000千克。对土壤肥力要求较高,土壤肥力较高时其品质和产量能得到充分表现。耐水渍性一般。后期如管理不到位容易产生早衰现象。

三、厚薄中间型杂交甜瓜

1.丰甜1号

合肥市种子公司1993年育成的厚薄皮杂交种。早熟种,全生育期80天,果实发育期25~28天。植株生长势中等,子孙蔓均可坐瓜,以孙蔓为主。果实椭圆形,果形指数1.55。成熟果面金黄色,有10条银白色纵沟,果脐极小,外形美观。果肉白色、致密,果肉厚2~3厘米,折光糖含量14%~16%,果肉味清香纯正,脆甜爽口,单瓜重1千克左右。丰产性好,抗病性强,尤其对蔓枯病、病毒病、叶枯病有较强的抗性,较适宜在长江中下游地区种植。

2.长甜2号

长甜2号兼具厚皮甜瓜和薄皮甜瓜特征特性。早中熟品种,植株长势强健,茎蔓粗壮。叶片中小。雌雄全同株,低节位子蔓雌花少,孙蔓第1节均着生雌花,其他各节着生雄花。以孙蔓结瓜为主,连续结果能力强。单株结瓜4.8个。全生育期78天左右,果实发育期30天左右。单果质量750~1 500克,亩产量3 000~4 000千克。果实椭圆形,果皮灰绿色,果面光滑,果肉绿色。肉厚3.6厘米,肉质细嫩甜美,中心可溶性固形物15.0%~17.5%,香气浓郁,香甜可口,兼备厚皮甜瓜和薄皮甜瓜的风味,品质优。常温下可贮存20天左右,耐贮运,商品性好。种子黄色,百粒重3.2

克。果实成熟时果柄自行脱落,生熟极易区分。田间表现对枯萎病等病害抗性强。耐低温弱光,不易早衰。从 2007 年开始,在吉林安图和公主岭市、黑龙江伊春市、安徽宿州市、江苏沛县、山东潍坊市、湖北武汉市、广西桂林市等地进行露地、小拱棚、大棚栽培试验。各地一致反映,长甜 2 号田间表现对枯萎病等病害抗性强。丰产,易栽培,商品性好,具有较浓香气。口感风味佳。深受生产者和消费者欢迎。

3.溢香

溢香是上海种都种业科技有限公司以厚皮甜瓜和薄皮甜瓜杂交形成的厚薄皮中间型杂交甜瓜新品种。该品种早熟,全生育期 80～95 天,瓜发育期 30～33 天;植株长势强,耐低温弱光,高抗枯萎病、蔓枯病和白粉病,中抗霜霉病;瓜长椭圆形,瓜皮厚 0.4 厘米,表面光滑无网纹,瓜皮金黄色,有光泽,瓜肉白色,肉厚 3 厘米,质脆味甜,香味浓郁,中心可溶性固形物含量 17.5%,单瓜重 1.5 千克;成熟后不脱柄,耐裂、耐储运,常温条件下可存放 25 天;亩产量 3 300～3 600 千克。

4.龙庆秋甜

龙庆秋甜是黑龙江省农业科学院大庆分院园艺研究所以 TB02－3－2 为母本、HL02－1－4 为父本配制而成的适宜露地栽培的薄厚中间型甜瓜一代杂种。露地栽培全生育期 78 天左右,子孙蔓均可结瓜,结瓜能力强,果实膨大速度快。成熟瓜高圆形,乳白色,果面光滑,果实耐贮运,肉厚质软,果味清香,可溶性固形物含量 9.50%。单瓜质量 500 克左右,露地栽培每亩产量 2 000 千克左右。抗霜霉病和白粉病,病情指数分别为 26.02 和 44.56。适宜东北地区、山东等地栽培。

第四章 薄皮甜瓜的制种与留种

第一节 薄皮甜瓜的留种技术

一、薄皮甜瓜品种退化的原因及防止退化的措施

(一)品种退化的原因

薄皮甜瓜是异花授粉植物,在天然条件下,杂交率很高,品种的优良性状很难一代代保持下去。引起品种退化的原因,主要有:

1.不良的授粉条件引起品种的生物学退化

品种的生物学退化是由不同品种间、变种间或种间发生天然杂交,使品种的经济性状变劣的一种退化现象。优良品种和不良品种杂交,引起品种退化是非常明显的,但即使是优良品种间发生自然杂交,也会由于杂种后代的分离而使品种整齐度下降。

防止品种间因不良的授粉条件引起品种的生物学退化,可采取以下隔离措施。

(1)空间隔离法。将不同薄皮甜瓜品种种植于不同地块,并保持1 000～2 000米的隔离距离。空间隔离的距离还要考虑留种面积的大小和有无障碍物等因素,留种面积大的,隔离距离应当远一点;有障碍物(如建筑物)的,隔离距离可以近一些。

(2)时间隔离法。将易杂交的品种安排在不同年份采种,品种与品种间错开2～3年,即繁殖一次,用1～2年。但要注意:种子必须有良好的冷藏条件,否则会引起种子生命力下降。

(3)错开花期隔离法。这种方法要利用温室大棚设施,来错开不同品种薄皮甜瓜的播种或移栽期,从而来错开花期,以防止发生

天然杂交。

（4）网罩、纸袋隔离法。当采用的种子不多如繁殖原种和自交不育系选育时可以用这种方法。这种方法就是用网罩、硫酸纸袋将花蕾罩起来，防止品种间授粉。采用这种方法，可以在同一地点，同时繁殖几个品种，而不会造成品种间杂交。

（5）良种田中央采种法。这种方法就是将原种种株栽种在同品种大面积良种田中央，来进行采种的一种方法。其优点是既可以保证原种的纯度，又可以使原种得到同品种种株大量花粉进行授粉，提高后代生活力。

2.不适当的留种方法引起品种退化

在薄皮甜瓜留种中，菜农往往自种自留，但由于种株不多，或选取留种株不当，或由于留种田隔离条件差、良种繁育制度不健全等原因，常导致品种混交与退化。要解决这一问题，关键是要将薄皮甜瓜留种纳入种子种苗工程的整体计划内，要建立薄皮甜瓜的良种繁育基地，落实相应的技术措施。

3.不良的自然条件引起品种退化

留种田土壤贫瘠、种植技术粗放，肥水管理措施不当，植株生长不良，都会引起品种活力下降，抗性变差，导致该品种的病毒或病菌产生致病强的"生理小种"，从而导致留种株发生病变。要避免这种现象，必须认真做好留种工作。

4.机械混杂使品种纯度变差

在种子收获、脱粒、晾晒、贮藏、运输、营销等过程中都会产生机械混杂。要避免这种现象，必须健全制度，从种子生产到营销等各个环节都要有专人负责。要建立种子的收藏档案，将不同品种的种子分别编号登记；同时要建立种子的管理制度、检验制度，严格进行田间品种纯度的控制；营销种子要有种子生产许可证和种子质量检验合格证。如果一旦发生机械混杂，要在开花前去杂去劣。

5.不良的贮藏条件使种子丧失生命活力甚至变质

薄皮甜瓜种子如贮藏在高温、高湿、有氧的情况下，呼吸作用旺盛,种子自身贮存的营养物质迅速耗尽,同时由呼吸作用产生的热量会造成种子发生霉变,或由于氧气不足(二氧化碳过多),引起种子中毒而使种子失去活力。贮藏时间过长,也会导致种子生活力的下降。

要避免这种现象,必须给种子创造良好的贮藏条件,要保持适宜的温湿度,最好是低温冷藏并要有良好的通风条件;贮藏过程中要定期检查,注意防潮、防霉、防虫;而且在贮藏前种子一定要晒干;贮藏的时间不可太长,一般不要超过 2 年。

(二)防止退化的措施

1.提纯

品种的纯度是指与该品种性状、特征相符合的植株在一个群体中所占的百分率。品种纯度的高低直接关系着产量的高低、品质的好坏、成熟期的一致性和该品种在生产上有无利用的价值。

薄皮甜瓜由于长期异交的结果,其遗传基因比较复杂,同一品种亲代与子代之间,子代个体之间,在性状表现和生活力上存在一定差异,优劣不一。所以,在良种繁育过程中,选择生活力强、产量高的植株及其后代,并结合其他措施进行复壮,可以有效改善品种的种性。但是无论采取哪种选择方法,都要经过多次选择,才能得到比较一致的类型。所以,品种提纯最主要的方法就是选种。提纯与选种的区别在于选择的目标不同,提纯主要是选择符合原品种特征、特性的植株;选种则是选择有利的变异植株,并经多代定向选择,选出一个新的品种。在良好的栽培条件下经常进行选择,是一项简便有效的提纯复壮措施。

薄皮甜瓜品种有多种提纯方法,可根据不同情况,采用不同方法:

(1)多次混合选择法(图 4-1)。从一个品种的群体中,选出若干性状相似的优良单株,混合采种、混合播种于同一小区内,用原品种和标准品种(同类型的本地优良品种)作为对照,从入选的后代中继续进行混合选择,这就是多次混合选择。

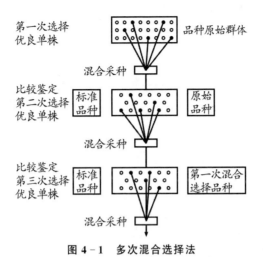

第一次选择
优良单株

品种原始群体

混合采种

比较鉴定
第二次选择
优良单株

标准
品种

原始
品种

混合采种

比较鉴定
第三次选择
优良单株

标准
品种

第一次混合
选择品种

混合采种

图 4 - 1　多次混合选择法

　　多次混合选择法的优点是简便易行。其缺点是,由于一开始就混合采种、混合播种,无法鉴定各单株遗传的优劣,如果选种标准不正确,选择效果往往不够理想。

　　(2)改良混合选择法(图 4 - 2)。改良混合选择法是一种混合选择和单株选择结合使用的方法。这种方法是在经过 2～3 次混合选择的基础上进行一次单株选择,并对其特征、特性做出鉴定,将优良的单株选拔出来,混合采种,用作来年播种。在播种时用前次混合选择的材料和标准品种作对照进行比较,如果比对照优良,那它就是优良品种了。这种方法不仅可以克服混合选择不能对植株后代进行鉴定的缺点,而且还能避免因单株选择所招致的生活力衰退的不良后果。选择方法如图 4 - 2 所示。

　　(3)多次集团选择法(图 4 - 3)。当薄皮甜瓜的原始群体由几个类型组成时,如果用混合选择法从中选择某一个类型,而轻率地淘汰其他类型,常常会把一些好的类型也抛弃掉。为防止这种现象发生,可以从每一类型中选出优良单株,将属于同一类型的单株组成一个集团,混合采种,混合播种,这种方法称作"集团选择法"。

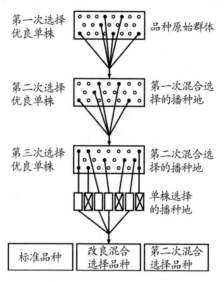

图 4-2　改良混合选择法

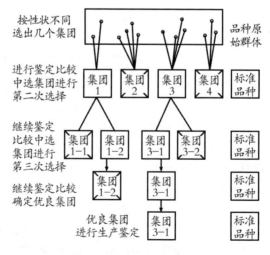

图 4-3　多次集团选择法

每次选择后,各集团应当进行隔离采种,从中选出性状比较一致而优良的"集团",经生产鉴定后推广应用。这种方法的选择效果虽比单株选择法差,但由同一"集团"可以自由异花授粉,与混合选择相比,既避免了后代生活力衰退的缺点,又可避免优良类型被盲目淘汰。其选择程序如图4-3所示。

(4)母系选择法。其方法是从品种的群体中选出若干符合品种原始性状的单株,中选的各单株可以种在一起,彼此自由传粉,然后各单株分别采种,分别设小区种植,进行鉴定比较。再从每个中选的株系中,选出优良的单株,继续进行鉴定比较,从中选出优良系统。但由于此法只能从母本植株及依据其后代的表现进行选择,故称为"母系选择法"。这种方法。既有较好的选择效果,又不致引起生活力的降低。

(5)多次单株选择法。多次单株选择法,又称"自交系选择法"。其做法是进行单株选择,人工强制单株自交,各单株分别采收,分别种植观察。一般需连续自交和选择3~5代后,才能从中选出性状优良、整齐一致的自交系。以后系内可以混合授粉,以避免生活力衰退。通过自交系的选育,一个比较混杂的品种,可以分离出很多不同的类型,某些隐性性状可以得到表现。其选择程序如图4-4所示。

农民选种时往往采取比较简易的措施,头茬收获时分单株收获,单晒单脱,分株留种。二茬播种时,分株系播种,又从各株系内挑选出长势好、典型特征明显、整齐度高的优良单株作为种株。如此连续2年进行单株选种,最后一次单株选种后将从不同株行内挑选的优良单株混合定植到隔离的株系圃内,去杂隔离,人工授粉,混合繁殖留种,即可获得原种。

2.复壮

复壮,就是对已退化的品种进行改善工作,使品种原有的性状得到恢复。复壮的方法,除在良好的栽培条件下,按前述方法经常进行选择外,还可采取以下措施:

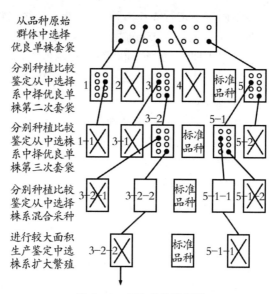

图 4-4 多次单株选择法

（1）人工控制自交。薄皮甜瓜可采用单株分别进行人工控制下的自交,这能加速系统的纯化。但是,连续多代自交,必然会引起后代生活力显著衰退。因此,自交代数不宜过多,一般不要超过二三代。为了加速系统的纯化,而同时又要防止生活力衰退,最好采用下列措施:①隔代自交。即一代自交,下一代在株系内选择主要经济性状相似的植株进行株间异交再下一代再自交。然后系内异交,如此反复进行。②自交后代混合授粉。先进行 2～3 代单株自交,在获得较纯系后,将主要经济性状相似的几个系统混栽。使其进行系统间自由授粉,以恢复该品种后代的生活力。

（2）良好的栽培条件。创造良好的栽培条件,较充分地满足品种对环境条件的要求,可使其优良性状得到表现和加强,而且良好的培育条件,易获得饱满的种子,有利于提高后代的生活力。

（3）人工辅助授粉。薄皮甜瓜花期如遇低温、阴雨或高温、干旱等不良气候条件,会影响正常授粉和种子的发育,种子结实率低且不饱满。这时可进行人工辅助授粉,以提高结实率和种子质量。

二、建立良种繁育制度和繁育基地

建立薄皮甜瓜良种繁育制度和繁育基地,是尽快实现薄皮甜瓜生产良种化、标准化和产业化的关键措施。它不仅有利提高种子的种性,而且能将良种选育、提纯复壮和繁育生产用种的工作有机地结合起来,也是加速推广杂种一代的重要保证。同时,它便于搞好亲本材料的选育、繁育和杂交制种。

良种繁育的程序可分两级繁育制与三级繁育制。两级繁育制包括品种复壮圃、原种圃和生产用种圃;三级繁育制包括品种复壮圃、原原种圃、原种圃和生产用种圃。

1.复壮圃的任务

复壮圃的任务是根据薄皮甜瓜品种的特点,采取选择、培育和人工自交措施,改善品种的种性。如采用选择法进行复壮,则可从丰产田里选择优良单株,进行比较和选择。为使每一优良单株充分发育以获得较多种子,同时又便于观察记载,须采取较宽的栽植行株距和较高水平的农业技术措施。选择时可用单株选择法,也可采用人工控制自交的方法进行复壮。所选好的单株分别采种、分别播种,择优自交。经过连续几年自交或隔代自交,选育出若干纯化系统,然后再进行比较选择。

各种选择方法都是将每一个株系或每一个混合选择的群体或者是一个纯化系统播种在一个小区内,重复两次,并用上一年从原种圃中采得的原种种子作为对照,进行比较试验。在经过比较选择后,选出优良的系统,并从中获得复壮的种子,将其送入原原种圃进行繁殖和进一步提纯。

2.原原种圃的任务

原原种圃的任务,是将上一年复壮圃入选的优良系统进一步提高品种纯度,繁育纯度更高的优良系统。原原种圃内要继续优中选优。精选出的少量种子用来继续繁育原原种,原原种圃采得的其他种子,可用来繁育原种。

3.原种圃的任务

原种圃的任务是将复壮了的原原种进行繁育。在繁育的过程中要严格去杂去劣,以保证纯度。原种圃中收获的种子即为原种,用来繁育生产用种。

4.生产用种圃的任务

生产用种圃的任务是繁育生产用种。一般采用混合选择法留种,以保持种性及纯度。每年要在生产用种圃中进行株选,混合采种后作为下一年种子田的播种材料。在株选后的生产用种圃里进行片选,去杂去劣,将其混合授粉后收获的种子作为生产用种。

薄皮甜瓜在按上述程序进行分级繁育的过程中,各圃地都要进行空间隔离,以保证原种的种性,如果空间隔离有困难,也可将原种圃放在生产用种圃的中央,以避免原种与其他品种杂交。

三、薄皮甜瓜的杂交制种与良种繁育

1.杂交制种

薄皮甜瓜是雌雄同株异花作物。雄花为单性,在主蔓第一节即可发生,单生或簇生,雌花在绝大多数品种中是雌雄两性花,又称结实花,两性花的中央是柱头,周围着生3～5个雄蕊,花瓣为黄色、五裂,正常情况下有的甜瓜品种自花授粉率在85%以上,因此,薄皮甜瓜杂交制种结实花必须去雄,这样才能保证种子的杂交率。

杂交育种要掌握三条,第一,首先要确定育种目标,要将优质、早熟、高产、抗病、耐贮运放在首位,同时也要考虑市场的适销性,使所育成的品种从色泽、口味、果形大小上都能符合广大客户的需求。第二,杂交育种一定要选好亲本,按照远地域、远生态的原理,从中亚或西亚生态地理类群、东亚或西亚生态地理类群中去进行选择。我国黄淮流域的薄皮甜瓜如广州蜜瓜、上海黄金瓜、江西梨瓜等品种都是很有希望的亲本材料。甜瓜育种专家吴明珠和日本所育成的一些优良甜瓜品种所用的亲本材料大都是从这些类群中选出来的。第三,杂交育种一定要掌握好技术,从花粉采集、去雄、授粉、隔离、采种,每一环节必须规范,符合操作规范要求,认真细致地实施完成。

同时,需要指出,杂交成功只是育种工作的开始,而不是终结。从杂交到育成一个遗传性稳定不分离的品种,还需要对杂种经过一系列多代选育和纯化过程。一般至少还得花5~7年时间。

2.良种繁育

良种繁育必须建立留种田。留种田的栽培技术和大田基本相同,但要求要高一些,其目的是为了使种株得到良好的生长发育,使其优良特性得到发挥,以利其优良种性代代相传。

(1)选地、施肥。薄皮甜瓜的制种田,应选择向阳坡,以砂壤土为最佳,保证8~9年的轮作。施农家肥2 000千克/亩,三元复合肥40千克/亩。薄皮甜瓜制种田应用大垄种植二行,地膜覆盖。也可采用高畦,畦宽1.5米,栽种二行。垄作,每播种两垄空一垄,这样有利田间作业。

(2)播种、育苗。种子播前处理,用1‰高锰酸钾浸泡10~15分钟,捞出清洗,再用30~35℃温水浸种6~8小时,然后催芽。为使制种的薄皮甜瓜父母本花期尽量一致,采取错期播种,根据不同父本、母本的花期特点,父本较母本早播8~10天不等,必要时父本可增加拱棚保护,并增施肥水,促其生长,并有充足雄花供授粉用。父母本比数一般为1∶20~30,即每20~30株母本种植一株父本。黑龙江地区5月中下旬露地直播。株行距35~65厘米,每穴2~3粒种,有条件可在4月中旬育苗,苗龄30天左右,注意苗龄不要过长。

(3)田间管理。植株3~4片叶摘心,母本子蔓长到4~5叶时摘尖,加速结实花的形成。父本摘心后任其生长。除草、整枝要及时,为使整枝伤口尽快愈合,避免病菌从伤口侵入,整枝应选在晴天、高温时进行,果实膨大期,浇膨大水。

(4)病虫害防治。制种田在覆膜定植前,定植前用多菌灵或枯萎灵溶液消毒,生长期注意防治白粉病、病毒病、杀灭蚜虫。不要使用对薄皮甜瓜敏感易产生药害的农药,如果田间发现枯萎病和病毒病的植株,要马上拔除,避免侵染其他健康植株。

(5)杂交授粉。①母本结实花去雄:在开花前一天下午,在母本结实花上方挂上一红标记,然后用镊子轻轻拨开花冠,除净雄蕊(切勿损伤柱头),套上纸帽,同时母本植株上的雄花要在蕾期全部去掉;父本花粉采集:在开花前一天下午,采集父本植株上的花蕾,放在容器内,上面喷少许温水,盖上容器备用。②授粉:杂交当天,早 6:00~10:00,除去母本结实花上的纸帽,将上一天采集的父本花用镊子除去花冠,将雄蕊上的花粉涂抹在母本花柱头上,要轻轻均匀涂抹,避免擦伤雌蕊柱头,每一朵雄花可授 3~4 朵结实花,授粉后,套上纸帽,帽子大小要合适,防止过大易掉,过小易损伤花器,做好标记。适时授粉:刚开放的瓜花受精力最强,2 小时后变弱,温度越高变弱越快,10:00 以后或母本柱头上出现油渍状黏液时受精力极差,所以要在此前结束授粉,且忌在母本柱头上出现油渍状黏液时授粉。为了提高杂交瓜的坐瓜率,可在授粉后用 500 倍液的坐瓜灵喷洒在授粉瓜的瓜柄上,但浓度不宜过浓,数量不宜过多,以免影响采种量。

(6)采种。依照品种的成熟度适时采收种瓜,一般比母本瓜正常成熟晚 5~7 天,将瓜瓤连同种子一起放入塑料袋、塑料桶、缸中,发酵 2~3 天,取出用淡水漂洗(不能用金属容器发酵种子,以免影响种子的颜色)将洗净的种子放在纱网或篷布上晒干,晒干后的种子含水量应在 8% 以下。

第二节 慈瓜 1 号的选育

一、选育过程

1.育种目标

随着人们生活水平的不断提高,油腻类食物食用过量,无糖食品成为一种时尚,脆(菜)瓜因清脆爽口、汁多解渴、果菜兼食而越来越受到城市居民的追捧。根据江浙一带的消费特色,我们确立如下育种目标:果形整齐、果形周正、清脆爽口风味更佳,平均单个重 1.0 千克左右,产量与地方品种相当,适宜于大棚栽植品种的定向选育。

2.亲本来源

慈瓜 1 号是在 2002 年春季在地方花皮菜瓜生产田中发现的优良变异株(以 2002－a 表示)。地方花皮菜瓜是甜瓜种越瓜的变种,呈长椭圆状、头小尾大,近果柄处呈梨状;叶平展,缺刻浅;果皮墨绿色与浅绿色条纹相间分布,一般墨绿纹宽 2.8 厘米左右,花纹9～10 条;果肉青白色,果肉厚 2.6 厘米,成熟瓜瓤呈橙红色。

3.选育经过

2002 年春在花皮菜瓜生产田中发现了一株自然杂种后代。

2002 年秋:种植 40 株,选择优良单株花期严格自交授粉,入选 2002－a 的第 9 株、第 12 株、第 23 株。

2003 年春季:入选 2002－a－12 株中第 10 株、第 12 株、第 39株。

2003 年秋季:入选 2002－a－12－12 中的第 17 株、第 25 株、第 36 株。

2004 年春,种植 3 个株系,继续单株加代,入选 2002－a－12－12－17 株系中的第 2 株、第 24 株。

2004 年秋季:继续单株加代,入选 2002－a－12－12－17－2 中的第 22 株。

2005 年春季:2002－a－12－12－17－2－22 株系基本趋于稳定,为保证纯度,继续单株自交,入选 2002－a－12－12－17－2－22 第 1 株。

2006 年春,2002－a－12－12－17－2－22－1 继续选择优良单株自交,当选单株单收为原原种。其他单株混收为原种。

2006 年秋,品系比较试验。

2007 年春,品种比较试验。

2008—2009 年春,多点品比试验。

2010 年春,生产示范。

4.系谱图

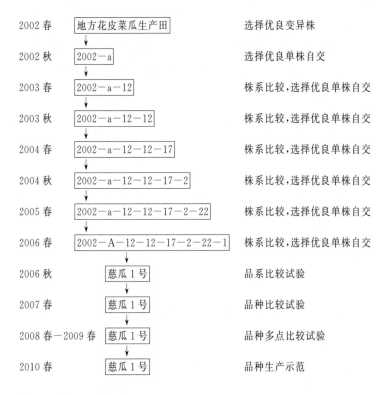

2002 春	地方花皮菜瓜生产田	选择优良变异株
2002 秋	2002—a	选择优良单株自交
2003 春	2002—a—12	株系比较,选择优良单株自交
2003 秋	2002—a—12—12	株系比较,选择优良单株自交
2004 春	2002—a—12—12—17	株系比较,选择优良单株自交
2004 秋	2002—a—12—12—17—2	株系比较,选择优良单株自交
2005 春	2002—a—12—12—17—2—22	株系比较,选择优良单株自交
2006 春	2002—A—12—12—17—2—22—1	株系比较,选择优良单株自交
2006 秋	慈瓜 1 号	品系比较试验
2007 春	慈瓜 1 号	品种比较试验
2008 春—2009 春	慈瓜 1 号	品种多点比较试验
2010 春	慈瓜 1 号	品种生产示范

二、慈瓜 1 号特征特性

1.生育期

慈瓜 1 号果实发育期为 30.4 天左右,春季种植时的生育期为 89.5 天左右,比同时种植的地方花皮菜瓜品种、果实、成熟均迟 1 天左右(表 4-1、表 4-2)。

表 4 - 1　慈瓜 1 号与地方花皮菜瓜生育期与果实发育期比较

单位:天

年份	地点	慈瓜 1 号		地方菜瓜品种(CK)	
		果实发育期	生育期	果实发育期	生育期
2008	慈溪	29	98	28	97
	宁波	30	103	29	103
	衢州	33	95	31	92
	平均	30.7	98.7	29.3	97.3
2009	慈溪	30	76	30	76
	宁波	29	100	28	99
	衢州	31	65	29	63
	平均	30	80.3	29	79.3
2008、2009	平均	30.4	89.5	29.2	88.3

表 4 - 2　慈瓜 1 号与地方花皮菜瓜生育期比较

单位:月/日、天

年份	地点	品种	出苗	定植	坐果	始收	果实发育期	生育期
2008	慈溪	慈瓜 1 号	2/20	3/8	4/29	5/28	29	98
		CK	2/20	3/8	4/29	5/27	28	97
	宁波	慈瓜 1 号	3/2	3/25	5/14	6/13	30	103
		CK	3/2	3/25	5/15	6/13	29	103
	衢州	慈瓜 1 号	2/16	3/6	4/18	5/21	33	95
		CK	2/18	3/6	4/19	5/20	31	92
2009	慈溪	慈瓜 1 号	3/24	4/6	5/9	6/8	30	76
		CK	3/24	4/6	5/9	6/8	30	76
	宁波	慈瓜 1 号	2/9	3/16	4/20	5/19	29	100
		CK	2/9	3/16	4/20	5/18	28	99
	衢州	慈瓜 1 号	4/14	4/27	5/18	6/18	31	65
		CK	4/14	4/27	5/18	6/16	29	63

2.产量

由表4-3可见,2008年三点品比平均产量,慈瓜1号的平均
亩产为2 436.3千克,比地方花皮菜瓜品种略增产0.3%,产量相
当。平均单瓜重1.25千克,比地方花皮菜瓜品种增重0.14千克。
2009年三点品比平均产量,慈瓜1号的平均亩产为2 964.5千克,
比地方花皮菜瓜品种增产5.0%,联合方差分析结果,增产未达显
著。平均单瓜重0.944千克,比地方花皮菜瓜品种增重0.02千克。
2008—2009年慈溪、宁波、衢州三点平均产量为2 700.4千
克/亩,较地方花皮菜瓜品种增产2.83%,联合方差分析结果,增
产未达显著水平;平均单瓜重1.10千克,较地方花皮菜瓜品种增
重0.08千克。

表4-3　慈瓜1号与地方花皮菜瓜产量比较

单位:千克/亩

年　份	地点	慈瓜1号	地方花皮菜瓜(CK)	较CK±%
2008年	慈溪	1 904.5abA	2 139.0aA	−10.96
	宁波	1 836.2aA	1 625.1abcAB	+12.99
	衢州	3 523.0aA	3 478.6aA	+1.26
	平均	2 436.3aA	2 429.1aA	+0.3
2009年	慈溪	2 864.1aA	2 599.7abA	+10.2
	宁波	2 654.7aA	2 640.4aA	+0.54
	衢州	3 372.7aA	3 227.8aA	+4.49
	平均	2 964.5aA	2 823.3aA	+5.0
2008—2009年	平均	2 700.4	2 626.2	+2.83

* 显著差异性:0.05水平用小写字母表示;0.01水平用大写字母表示

3.品质

口感品质评价慈瓜1号表现为质脆、多汁、清口、口味佳、风味
醇厚;而地方花皮菜瓜则表现为皮稍韧、口味略带酸口且寡淡。据
农业部农产品质量安全检验测试中心检测:抗坏血酸含量为

120.5毫克/千克,较地方花皮菜瓜品种极明显增加25.9%;宁波市农产品质量检测中心检测:可溶性固形物4.2%,比地方花皮菜瓜品种增加10.5%(表4-4)。

表4-4 慈瓜1号与地方花皮菜瓜的检测品质比较

单位:毫克/千克

年份 地点	慈瓜1号		地方花皮菜瓜(CK)	
	V_C(抗坏血酸)	可溶性固形物	V_C(抗坏血酸)	可溶性固形物
2010 慈溪	120.5	4.2	95.7	3.8
较CK±%	+25.9	+10.5	—	—

4.抗逆性

三点两年均表现耐寒性强,抗病性一般。忌连作。

5.生特学特性

(1)品种类型。花皮菜瓜属于甜瓜种、越瓜变种,又称脆瓜、梢瓜。学名 *Cucumismelo* ssp.*conomon*,英语名 oriental melon。

(2)形态特征:见表4-5、表4-6。

幼苗:一年生匍匐草本。

茎:有白色糙硬毛和龙状突起,卷须纤细。

叶(图4-5)为单叶互生。叶形为心脏形,叶片被白色糙硬毛,背面沿脉密被糙硬毛,边缘锯齿缺刻较对照品种为深,基部截形或具半圆形的弯缺,具掌状脉。

花(图4-6):雌雄同株异花。雄花的发生先于

图4-5 慈瓜1号的叶片(右)
与地方对照品种的叶片(左)

图 4-6　慈瓜 1 号的花(左)、果(中)与种子(右)

雌花。雌花和雄花单生。花冠黄色。

果实(图 4-6):果实圆筒形,果实纵径 20.6 厘米,果实横径 11.5 厘米,果肉厚 2.7 厘米。果皮墨绿色与淡绿色条纹相间,花纹 8～9 条,平滑,肉厚多汁。适宜于生食。

种子(图 4-6):种子扁平,呈长卵圆形,乳白色。千粒重 16 克。

表 4-5　慈瓜 1 号与地方花皮菜瓜的特征性状比较

品种	叶	果形	果皮	风味口感
慈瓜 1 号	缺刻深 稍上卷	上下等 圆筒形	墨绿与浅绿条纹相间,条纹宽度等同	脆爽、清口
地方花皮菜瓜(CK)	缺刻浅 平展	上小下大 长椭圆	墨绿与浅绿条纹相间,墨绿纹显宽些	皮稍韧、味寡淡、略带酸口

表 4-6　慈瓜 1 号与地方花皮菜瓜的果实经济性状比较

单位:千克、厘米

年份	品　　种	地点	单果重	果实纵径	果实横径	果形指数	果肉厚度
2008	慈瓜 1 号	慈溪	1.01	22.3	12.2	1.83	2.6
		宁波	1.19	19.7	10.3	1.91	2.5
		衢州	1.55				
		平均	1.25	21.0	11.3	1.86	2.6

续表

年份	品　　　种	地点	单果重	果实纵径	果实横径	果形指数	果肉厚度
2008	地方花皮菜瓜(CK)	慈溪	0.76	24.8	12.6	1.97	2.7
		宁波	1.03	22.1	10.5	2.10	2.4
		衢州	1.55				
		平均	1.11	23.5	11.6	2.04	2.6
2009	慈瓜1号	慈溪	0.924	20.0	12.4	1.61	2.7
		宁波	0.94	21.3	11.8	1.81	2.7
		衢州	0.967	19.3	10.6	1.82	2.8
		平均	0.943	20.2	11.6	1.74	2.7
2009	地方花皮菜瓜(CK)	慈溪	0.981	26.5	11.0	2.4	2.8
		宁波	0.73	24.0	11.9	2.02	2.7
		衢州	1.062	21.2	11.4	1.86	2.9
		平均	0.924	23.9	11.4	2.10	2.8

6.适宜种植范围

适宜浙江省的衢州地区与宁波地区种植。

第五章　薄皮甜瓜设施栽培

第一节　塑料大棚的构建

　　塑料大棚是在塑料小拱棚基础上发展起来的大型塑料薄膜覆盖保护栽培设施:塑料大棚是 20 世纪 60 年代后期引入我国的,最先在蔬菜上应用。70 年代初,在黑龙江省高寒地区、山西农业大学等地开始进行小面积的大棚西瓜栽培试验,但因当时处于摸索阶段,栽培管理技术不成熟,再加上当时塑料工业尚不发达,所以没有发展起来。80 年代初期以来,沿海等地区又开始研究和推广大棚西瓜、薄皮甜瓜栽培技术,取得了突破性的进展。80 年代中后期,许多地方,特别是农业科研院所,通过总结提出了与西瓜、甜瓜相配套的栽培技术措施,技术要点为:以跨度为 8 米的双层镀锌钢管大棚加小拱棚和地膜进行三膜覆盖,采用早熟或早中熟西瓜、甜瓜品种、选育并采用适宜砧木进行嫁接育苗,防止枯萎病,采用支架和吊瓜栽培以提高密度。这套栽培技术的应用,实现了大棚西瓜、甜瓜的早熟、丰产和优质,在生产中应用后,取得了明显的增产效果。进入 90 年代后,这项技术又有了新的发展。至 2000 年,我国的甜瓜设施栽培面积已超过 7 万公顷,中国已经成为世界最大的甜瓜设施栽培生产国。2000 年之后发展更为迅猛,据笔者统计,至 2011 年,仅宁波市慈溪市甜瓜种植面积就达到 716 公顷(1.074 万亩),栽培方式主要采用钢棚长季节爬地栽培和钢棚立架栽培,品种类型主要有小哈密瓜和洋香瓜,如玉菇、黄皮 9818、甬甜 5 号等;宁波市宁海县甜瓜种植面积 507 公顷(0.76 万亩),

栽培方式以毛竹大棚双膜或三膜覆盖爬地为主,主要种植模式有春秋两季栽培和长季节栽培两种。品种类型以小哈密瓜类型为主,春季搭配部分薄皮甜瓜,如黄皮9818、甬甜5号和黄金瓜。

一、塑料大棚的类型、性能及建造

(一)大棚的类型

目前,我国塑料大棚的种类很多。根据棚顶的不同形状,大棚可分为拱圆形、屋脊形;根据连接方式不同和栋数的多少,大棚可分为单栋型和连栋型;根据骨架结构形式,大棚可分为拱架式、横梁式、衍架式、充气式;根据建筑材料,大棚可分为竹木结构、混合结构、钢管水泥柱结构、钢管结构及GRC预制件结构等;根据使用年限的长短,大棚可分为永久型和临时型。大棚还可以按照使用面积的大小划分为塑料小棚、塑料中棚、塑料大棚3种。一般把棚高1.8米以上,棚跨度8米,棚长度40米以上,面积0.5亩以上的称作大棚;棚高1～1.5米,棚跨宽度4～5米,面积0.1～0.5亩的称中棚;棚高0.5～0.9米,跨度2米,面积0.1亩以下的称小棚。

各种类型的大棚都有自己的性能和特点,使用者可根据当地的气候条件、经济实力和建棚目的灵活选用。

【按屋顶形式区分】

1.拱圆形大棚

该类型的大棚是用竹木、圆钢或镀锌钢管、水泥或GRC预制件等材料制成弧形成半椭圆形骨架(又叫棚体)。其内部结构可分为两种,一种有立柱、拉杆,另一种无立柱。棚架上覆盖塑料薄膜,再用压杆、拉丝或压膜线等固定好,形成完整的大棚。

2.屋脊型双斜面大棚

这种大棚的顶部呈"人"字形,有两个斜面,棚两端和棚两侧与地面垂直,而且较高,外形酷似一幢房子,其建材多为角钢。因其建造复杂,棱角多,易损坏塑料薄膜,故生产上应用日益减少。

【按构建材料区分】

1.毛竹大棚

所用的主要材料有：

(1)毛竹。二年生毛竹，长5米左右，中间处粗度8~12厘米，顶梢粗度不小于6厘米。竹子砍伐时间以8月以后为好，这样的毛竹质地坚硬而富有柔韧弹性，不生虫，不易开裂。按每亩面积大棚需毛竹2 000千克左右备用。

(2)大棚膜。最佳选用多功能长寿无滴膜，以增加光能利用率，提高棚的保温性能。膜幅宽7~9米，厚度6.5~8微米，一筒50千克的大棚膜可覆盖0.83亩左右。

(3)小棚膜。用普通农膜，幅宽2~3米，厚度3~4微米，用量30~40千克/亩。小棚用的竹片长2~3米，宽2~3厘米。

(4)地膜。选用1.5~2米宽的地膜，用量3千克/亩。

(5)压膜线。最好选用上海产，也可就地取材，亩用量7~8千克。

(6)竹桩。竹桩用毛竹根部制成，长约50厘米，近梢端削尖，近根端削有止口，以利压膜线固定，亩用量约260个。

在建造大棚前，要对一些骨架材料进行处理，埋入地下的基础部分是竹木材料的，要涂以沥青，或用废旧薄膜包裹，防止腐烂。拱杆表面要打磨光滑、无刺，防止扎破棚膜。

毛竹大棚的建造工序要按以下程序执行：定位放样→搭拱架→埋竹桩(压膜线固定柱)→上棚膜(选无风晴天进行)→上压膜线扣膜(拴紧、压牢)→覆膜。

整块大棚膜的长、宽度均应比棚体长、宽4米左右，覆膜时，先沿大棚的长度方向，靠近插拱架的地方，开一条10~20厘米深的浅沟，盖膜后，将预先留出的贴地部分依次放入已开好的沟内，并随即培土压实。这种盖膜方式保温性能好，但气温回升后通风较困难，有时只好在棚膜上开通风口，致使棚膜不能重复使用。盖膜时操作简单。

塑料大棚覆盖薄膜以后,均需在两个拱架间,用线来压住薄膜,以免因刮风吹起、撕破薄膜,影响覆盖效果。目前常用的压膜线为聚丙烯压膜线。

2.825 型和 622 型钢管棚

所用的主要材料为装配式镀锌钢管。此类大棚构建按以下程序执行。

定位放样→安装拱管(按厂方提供的使用说明书进行组装)→安装纵向拉杆并进行棚形调整→装压膜槽和棚头(安装时,压膜槽的接头尽可能错开,以提高棚的稳固性→覆膜→安装好摇膜设施。管棚通风口的大小由摇膜杆高低来控制。

(二)塑料大棚的性能和效应

1.透光性能

光照是大棚内小气候形成的主导因素,直接或间接地影响着棚内温度和湿度的变化。影响棚内光照强度的因素很多,如不同质地的棚膜透光率差异很大,新的聚乙烯棚膜透光率可达 $80\%\sim 90\%$,而薄膜一经粉尘污染或附着水珠后,透光率很快下降;大棚膜顶的形状、大棚走向以及骨架的遮阴状况等都影响棚内的光照强度。因此,光照条件比中、小塑料棚内优越。据测定,大棚内的照度在晴朗的大气相当于自然光的 51%;在阴天,棚内散射光,则为自然光的 70% 左右,可基本满足薄皮甜瓜生长发育的要求。棚内光照的垂直变化是:上部光照强度较大,向下逐渐减弱,近地面处最小。

2.增温、保温性能

出于塑料薄膜的热传导率低,导热系数仅为玻璃的 1/4,透过薄膜的光,照射到地面所产生的辐射热散发慢,保温性能好,棚内温度升高快。同时,由于大棚覆盖的空间大,棚内温度比中小棚要稳定。一般大棚内地温和气温稳定在 15℃ 以上的时间比露地早 30～40 天,比地膜覆盖早 20～30 天。此外,大棚内空间大,可根据情况在棚内加盖小拱棚和地膜,其保温效果可得到进一步提高。

3.促进甜瓜的生长发育

大棚甜瓜一般比露地早定植两个月,比地膜覆盖栽培提早一个月左右。在同期栽培情况下,大棚内甜瓜的生长发育情况也比小拱棚双覆盖好。试验证明,大棚三层覆盖(即大棚内套小棚,地面再覆地膜)与小拱棚三层覆盖(即地膜、小棚夜间加草帘)相比茎叶生长盛期、最大叶面积出现时期都要早(在慈溪早20~50天),能为甜瓜的早熟、丰产打下良好的基础。

(三)建棚前的准备

大棚投资大,应用年限长,在建棚时要进行周密的计划,首先,要选好5~6年内都未种过瓜类作物的地块作为建棚场地,而且建棚场地的选择,要求符合以下条件:沿海地区按台风东西方向建棚,内陆地区按采光度南北方向建棚。背风向阳,东、西、南三面开阔无遮阴,以利于大棚采光,丘陵地区要避免在山谷风口处或窝风低洼处建棚;地面平坦,地势较高,土壤肥沃,灌排水方便,水质无污染,地下水位在1.5米以下,如果在低洼处建棚,必须在大棚周围挖排水沟,筑围堰;水电路配套,交通便利,建棚时材料运进和产品运出要方便。

建棚前还要充分准备好材料,所有物资都要到位。

(四)大棚的规模与布局

1.确定大棚方位

大棚的方位有东西向和南北向两种,即东西向大棚和南北向大棚。两种方位的大棚在采光、温度变化、避风雨等方面有不同的特点,一般来说,东西向大棚,棚内光照分布不均匀,畦北侧由于光照较弱,易形成弱光带,造成北侧棚内薄皮甜瓜生长发育不良。南北向大棚则相反,其透光量不仅比东西向多5%~7%,且受光均匀,棚内白天温度变化也较平稳,易于调节,棚内瓜蔓生长整齐。因此,通常采用南北向搭建,偏角最好为南偏西,控制在100米以内。

2.合理布局

大棚的方向确定后,要考虑道路的设置,大棚门的位置和邻栋间隔距离等。场地道路应该便于产品的运输和机械通行,路宽最好能在 3 米以上。大棚的门最好在一条直线上,便于铺设道路。邻栋大棚的间隔,以邻栋不互相遮光和不影响通风为宜。一般从光线考虑,南北向的大棚,棚间距离不少于 2 米,南北距离不少于 5～6 米。

目前,生产上常见的塑料大棚面积为 0.5～1 亩,宽 6～8 米,长 40～60 米,棚长,保温性能好,适宜甜瓜栽培。

大棚的长宽比值对大棚的稳定性有一定的影响,相同的大棚面积,长宽比值越大,周长越大,地面固定部分越多,稳定性越好。一般认为长宽比值等于或大于 5 较好。

棚体的高度要有利于操作管理,但也不宜过高,过高的棚体表面散热面积大,不利于保温,也易遭风害,而且对拱架材质强度要求也较高,提高了成本。一般简易大棚的高度以 2.2～2.8 米为宜。

棚顶应有较大坡度,防止棚面积雪,减小大风受力,其高跨比一般为 1：3。

(五)塑料大棚的建造

1.拱圆形竹木结构塑料大棚的建造

拱圆形竹木结构塑料大棚一般有立柱 4～6 排,立柱纵向间隔 2～3 米,横向间隔 2 米,埋深 50 厘米要建造一个面积为 1 亩、跨度 10～12 米、长 50～60 米、矢高 2～2.5 米的竹木结构大棚,需准备直径 3～4 厘米的竹竿 120～130 根,5～6 厘米粗的竹竿或木制拉杆 80～100 根,2.6 米长的中柱 40 根左右,2.3 米长的腰柱 40 根左右。1.9 米长的边柱 40 根左右,中柱、腰柱和边柱顶端要穿孔,以便固定拉杆。还要准备 8 号铅丝 50～60 千克,塑料薄膜 130～150 千克。

确定好大棚的位置后,按要求划出大棚边线,标出南北两头 4～6 根立柱的位置,再从南到北拉 4～6 条直线,沿直线每隔 2～3 米设一根立柱。支柱位置确定后,开始挖坑埋柱,立柱埋深 50 厘米,下面垫砖以防立柱下陷,埋土要踏实。埋立柱时要求顶部高度一致,南、北向立柱在一直线上。

立柱埋好后即可固定拉杆。拉杆可用直径 5～6 厘米粗的竹竿或木杆,用铁丝沿大棚纵向固定在中柱、腰柱和边柱的顶部。固定拉杆前,应将竹竿烤直,去掉毛刺,竹竿大头朝一个方向。

拉杆装好后再上拱杆。拱杆是支撑塑料薄膜的骨架,沿大棚横向固定在立柱或拉杆上,呈自然拱形,每条拱杆用两根,在小头处连接,大头插入土中,深埋 30～50 厘米,必要时两端加"横木"固定,以防拱杆弹起。若拱杆长度不够,则可在棚两侧接上细毛竹弯成拱型插入地下。拱杆的接头处均应用废塑料薄膜包好,以防止磨坏棚膜,大棚拱杆一般每两根间隔 1.0～1.5 米。

扎好骨架后,在大棚四周挖一条 20 厘米宽的小沟,用于压埋棚膜的四边。在采用压膜线压膜时,应在埋薄膜沟的外侧埋设地锚。地锚可用 30～40 厘米见方的石块或砖块,埋入地下 30～40厘米,上用 8 号铁丝做个套,露出地面。

上述工作做完后,即可扣塑料薄膜。扣膜应选在无风的天气进行。选用厚度为 0.06～0.08 毫米的农用聚乙烯薄膜,根据大棚的长度和宽度,向厂方定制整块薄膜。一般两侧围裙用的薄膜幅宽 2～3 米,中间的塑料薄膜可焊成一整块,亦可焊成两块。焊成一整块时,只能放肩风;焊成两块时,除了放肩风,还可放顶风。在棚面较高或大棚跨度小时,放顶风困难或无须放顶风时,可把中间的薄膜焊成一整块,反之可焊接成两块。扣膜时,顶部薄膜压在两侧棚膜之上,膜连接处应重叠 20～30 厘米,以便排水。顶部如果是两块薄膜,那么顶部交接处也应重叠 20～30 厘米。扣棚膜时要绷紧,以防积水。如果条件允许,大棚用薄膜也可选用聚氯乙烯无滴膜。

棚膜扣好后,用压杆将薄膜固定好。压杆一般选用直径 3～4厘米粗的竹竿,压在两道拱杆之间,用铁丝固定在拉杆上。有的地方不用压杆,而是用 8 号铅丝或压膜线,铅丝或压膜线两端拉紧后固定在地锚上。

大棚建造的最后一道工序是开门、开天窗和边窗。为了进棚操作,在大棚南北两端各设一个门,也可只在南端设一个门。门高1.5～1.8米,宽80厘米左右。大棚北端的门最好有三道屏障,最里面一层为木门,中间挂一草苫,外侧为塑料薄膜,这样有利于防寒保温。为了便于放风,可在大棚顶部正中间每隔6～7米开一个1平方米的天窗,或在大棚两侧开边窗。天窗与边窗均是在薄膜上挖洞,另外粘合上一块较大的薄膜,通风时掀开,关闭时固定在支架上。若不开天窗和边窗,则可采用把大棚两端的"门"(做成活门)取下横放在门口,或在薄膜连接处扒口进行通风。

拱圆形大棚的结构见图5-1。

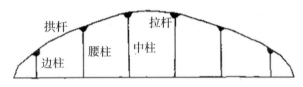

图5-1　拱圆形大棚结构示意图

2.竹木水泥混合拱圆形大棚的建造

这种大棚的建造方法与竹木结构基本一致。但所插立柱是用水泥预制成的。立柱的规格:断面可以为7厘米×7厘米或8厘米×8厘米或8厘米×10厘米,长度按标准要求,中间用钢筋加固。每根立柱的顶端制成凹形,以便安放拱杆,离顶端5～30厘米处分别扎2～3个孔,以便固定拉杆和拱杆。一般一亩大棚需用水泥中柱、腰柱各50～60根。

(六)塑料大棚的覆盖材料

1.农膜

农膜按其加工的原料来分,有聚乙烯(PE)膜、聚氯乙烯(PVC)膜、乙烯-醋酸乙烯(EVA)膜等。其中以乙烯-醋酸乙烯膜性能最好,而聚氯乙烯膜最差。按其性能来分有普通膜、防老化膜、无滴膜、双防膜、多功能转光膜、多功能膜、高保温膜等。

（1）棚膜。棚膜一般厚 7～10 微米,幅宽 6～10 米。棚膜要求符合以下要求:①透光率高;②保温性强;③抗张力、伸长率好,可塑性强;④抗老化、抗污染力强;⑤防水滴、防尘。同时价格合理,使用方便。宁波地区冬春多阴雨、低温、寡照,宜选用多功能转光膜或多功能无滴长寿膜作棚膜覆盖。现阶段最好的棚膜是 EVA 农膜,此膜以乙烯-醋酸乙烯为原料,在添加防雾滴剂后具较好的流滴性和较长的无滴持效性。其优点有:①保温性好。据浙江省农业厅测定,EVA 农膜夜间温度比多功能膜高 1.4～1.8℃。②无滴性强。由于 EVA 树脂的结晶度较低,具有一定的极性,能增加膜内无滴剂的极容性和减缓迁移速率,有助于改善薄膜表面的无滴性和延长无滴持效性。③透光率高。据测试:EVA 的新膜透光率为 84.1%～89%,覆盖 7 个月后仍有 67.7%,而普通膜则由 82.3%降至 50.2%,多功能膜降至 55%。EVA 农膜的高透光率还表现在增温速度快,有利于大棚作物的光合作用和果实着色。④强度高,抗老化能力强。新膜韧性、强度高于多功能膜,强度(断裂伸长率)仍保持新膜的 95%左右,一般可用两年。

（2）地膜。国产地膜的原料为聚乙烯树脂,其产品分普通地膜和微薄地膜两种。普通地膜厚度 0.0141 毫米,使用期一般 4 个月以上,保温增温、保湿性较好。微薄地膜厚度为 0.0081 毫米,为普通地膜的一半左右,质轻,可降低生产成本。按颜色分有黑色、银灰色、白色、绿色地膜,以及黑与白、黑与银白的双色地膜。

地膜的作用是提高地温,抑制杂草,抑制晚间土壤辐射降温,保持土壤湿度,改善作物底层光照,避免雨水对土壤的冲刷,使土壤中肥料加速分解并避免淋失,有利土壤理化性状改善和肥料的利用。

2.无纺布

无纺布又称不织布,为一种涤纶长丝,不经织纺的布状物。分黑、白两种,并有不同的密度和厚度。具有透水透气、抗撕裂、防虫蛀食、轻便柔软、耐用、不粘、不变形、质量稳定、可以清洗、燃烧时亦不产生有害气体,对环境无污染,好保管等优点。除保温外还常作遮阳网用,可起到保温、防霜防冻、降湿防病、调节光照、遮阴降温、防风、防暴雨、防冰雹及虫害等作用。

(1)无纺布的规格。按厚度来分,从 0.1～0.17 毫米,有近 10 种规格;颜色有黑色、白色两种;幅宽 0.5～2.0 米;遮光率 50%～90%。使用时可根据需要选择。

(2)使用注意事项。①无纺布用作大棚内层,夜间要封严密,以提高保温效果,白天升温后拉开,下午降温时盖严,既能保温,又可降低湿度;②支撑无纺布的棚架要光滑无刺,以免损坏。拉盖时要轻拉轻放,以延长使用寿命;③用过以后要去除泥土卷好放在阴凉处保管,防止高温、日晒、雨淋使其老化变质。

3.遮阳网

遮阳网是用塑料丝按一定规格编织而成的网状覆盖物,塑料丝编织得越密,遮光率越高,反之,编织得越稀,遮光率越低。现在我国已能生产遮光率为 25%～75% 的系列产品。遮阳网按其色泽可分为黑色和银灰色两种。黑色遮阳网遮光效果比银灰色的好,银灰色遮阳网有趋避蚜虫、防止病毒病的作用。

(1)遮阳网的作用。①遮强光、降高温。据各地试验,夏季覆盖遮阳网,地表温度可降低 3～5℃,最多可降低 12℃。利用遮阳网覆盖能有效地防止高温、强光、干旱、暴雨、台风及病虫为害,保证稳产、高产。遮阳网覆盖后一般能增产 30%～50%;②防暴雨、抗雹灾。据测算,覆盖遮阳网的塑料大棚,能使暴雨对地面的冲击力减弱到 1/50,棚内降雨量减少 13.29%～22.83%;③减少蒸发、保墒抗旱。据测试,遮阳网浮面覆盖或是棚架封闭式覆盖,土壤水分蒸发量比露地减少 60% 以上,浇水量可减少 16.2%～22.2%;④保温抗寒防霜冻。据试验,冬春季夜间覆盖遮阳网,棚温可比露地提高 1～2.8℃,一般只在网上结霜,遇严重霜冻时,可以延缓冻融过程,减轻冻害,防止组织脱水坏死。采用遮阳网覆盖,可提前 10 天定植,提早 5 天上市,产量可提高 20% 以上,产值提高 30%

以上;⑤避虫害、防病害。据试验,利用银灰色遮阳网覆盖避蚜效果可达 88%~100%,对病毒病的防效高达 95.5%~98.9%。夏季高温季节,用黑色遮阳网覆盖防日灼病效果 100%,并能抑制多种病害的发生与蔓延。

(2)使用注意事项。①科学选用遮阳网。宁波地区夏季晴热、光照极强,以选用遮光率 55%~65% 的遮阳网为宜;②合理使用,及时揭盖。要求做到晴天盖、阴天揭;大雨盖、小雨揭;晴天白天盖、晚上揭;出苗期全天候盖,出苗后揭两头盖中间。由于遮阳网覆盖有保湿作用,浇水则可适当减少。

4.防虫网

防虫网是一种新型覆盖材料,采用尼龙纤维编织而成,形似窗纱,密度一般为 20~30 目。防虫网覆盖栽培在发达国家和地区,如日本、我国台湾等地早已广为应用,达到了省工、省药、安全的目的。防虫网的使用方法:一是直接覆盖在大棚或小棚上,二是棚顶盖天膜,防虫网作围裙,四周密闭。全生育期全天候覆盖。

使用防虫网覆盖前一定要进行化学除草和土壤消毒,杀死残留在土壤中的病菌和害虫,切断其传播途径;使用时防虫网周边一定要封严。要经常检查是否有破损孔洞,以防害虫潜入。

如将防虫网用于全生育期全程密封覆盖,一定要在覆盖前下足基肥,生长期间不再追肥,并实施滴灌为好。

5.草帘

草帘由稻草、蒲草等编织而成,保温效果明显、取材容易、价格低廉。草帘多在较寒冷的季节或强寒潮天气,覆盖在大棚内小棚膜上或围盖在裙膜上作为增温的辅助材料。使用草帘,一定要加强揭盖管理,当天气转暖,或有太阳时及时揭去草帘。冬季草帘多在夜晚使用,白天一般都要揭帘,以增加棚内光照。

6.聚乙烯高发泡软片

是白色多气泡的塑料软片,宽 1 米、厚 0.4~0.5 厘米,质轻能卷起,保温性与草帘相近。

第二节　设施栽培的常规育苗技术

一、品种选择

塑料大棚栽培以早熟为目的,因此,必须采用早熟或早中熟品种。由于塑料大棚内的环境条件与露地相比,一般光照较弱,早春栽培时温度较低、湿度较大,易生病害,所以,大棚栽培的薄皮甜瓜品种还要求具有生长势旺盛,抗病和抗逆性较强、耐低温、耐潮湿、结果性好、丰产等特点。在重茬地需嫁接时,该品种还必须适合嫁接栽培。

同时,在选择品种时还必须考虑市场的需要,根据金珠群、吴华新等人调查,目前一些平均单果重 400 克以上,平均亩产 2 500 千克以上;成熟时外皮为黄白色,瓜瓤为白色或浅黄色,果实含糖量和可溶性固形物含量较高,不裂瓜,不倒瓤,商品性好、耐贮运且具有传统薄皮甜瓜特有的清香气的品种在市场上比较受欢迎,应作为主选对象。根据宁波、慈溪一带多年的实践,适宜大棚栽培的甜瓜品种,目前主要有甬甜 8 号、慈瓜 1 号、白皮菜瓜、青皮绿肉、雪丽等。

二、育苗技术要点

设施栽培采取育苗移栽,其常规育苗或嫁接育苗都在大棚内进行,育苗面积要根据育苗数量而定,一般育 1 亩地的秧苗需要有 50 平方米的设施,如在深冬季节嫁接,还需在温室内设置温床及加温设备。

育苗移栽是薄皮甜瓜早熟栽培、稳产高产的重要技术措施之一,育苗移栽有许多优点:它不仅可以提早播种,提早薄皮甜瓜上市期,能明显提高经济效益,而且投入成本低,与直播相比,明显省种,至少可比直播节省种子 1/3;育苗移栽还可以经济利用土地,缩短占用大田的时间,有利于薄皮甜瓜与其他作物间作套种,提高土地利用率;更为重要的是,利用塑料大棚育苗可以为幼苗生长创造最适宜的环境条件,有利培育壮苗、可保证大田秧苗整齐一致、使之在定植时能选择生长发育较整齐一致、大小相仿的幼苗进行定植,使甜瓜成熟时期相对集中。如果要实施嫁接换根栽培,育苗更是必不可少的一项技术环节。

(一)苗床的构建

薄皮甜瓜育苗的苗床,应选择在地势高,避阴向阳,光照条件好,离电源近的大棚内,宁波慈溪一带且多采用拱棚式冷床或电热式温床。所谓冷床是指不采用人工加温的苗床,除覆盖塑料薄膜保温外,白天主要是利用太阳的照射提高床温,夜间通过草帘覆盖增温,由于没有其他人工热源,增温效果较差,床温易受气温变化影响;所谓电热式温床育苗则是指用电热补充增温的苗床。除拱棚式冷床或电热式温床外,也可以采用工厂化育苗,工厂化育苗有专用的育苗设施,可以进行快速集中育苗,是实现育苗产业化的重要举措。

设在大棚内的苗床,一般都应以南北走向,东西排列为好。

苗床的面积要根据栽培面积、种植密度和每平方米的育苗数来确定。在采用 50 孔穴盘(长 54 厘米、宽 28 厘米)育苗时,每亩栽培数按 500 株计算,每亩需用摆放面积有 10 只盘的摆放空间,从理论上计算有 $0.54 \times 0.28 \times 10 = 1.5$ 平方米就够了,在实际预留空间时,应考虑成苗率、不可预见的损失、操作空间等因素,要多安排一些苗床面积为好,根据慈溪市穴盘育苗的实际使用经验,育一亩地薄皮甜瓜约需 10 只盘,占地(苗床)面积约 10 平方米(包括辅助用地);在采用营养钵育苗时,如用 8 厘米口径的营养钵育苗,每平方米苗床面积可育苗 200 株,每亩如种 350 株,加上 10% 的备苗和 $10\% \sim 15\%$ 的不成材苗,每亩共需育苗 $450 \sim 500$ 株,需苗床 5 平方米左右。苗床宽 $1.0 \sim 1.2$ 米计,苗床长根据所需苗床面积而定,深 $10 \sim 12$ 厘米。把苗床范围划定后,即可开始挖床,先将地面整平压实,再根据确定的苗床位置和规格打桩拉线,挖好床坑。床壁要直,床边要实,床面要平,不可忽高忽低,否则不利于苗床管理。

1.拱棚式冷床的建造

拱棚式冷床(图5－2)建在大棚中,一般宽1.2～1.3米,高60～70厘米。慈溪市推行的冷床普遍采用地膜铺底,"四膜"覆盖,其具体操作方法是:先整好苗床地,并浇喷90%晶体敌百虫800倍液(防蚯蚓、蝼蛄等地下害虫为害),然后在地面上铺上5～7厘米厚度的砻糠或稻草,再铺上地膜,以隔断地下水分上升。播种时,在地膜上直接放置穴盘式育秧盘或营养钵,盘与盘或钵与钵的排列紧密相靠,播种后再在排列好的盘或钵上覆上一层农膜;然后用毛竹片或细竹竿搭建拱架,先是小拱架,拱架要牢固,拱架竹竿间距为60～100厘米。小拱棚外面再搭中棚。拱

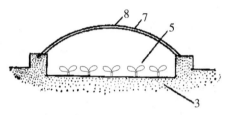

图5－2　拱棚式冷床的基本结构

棚的支架材料多用毛竹片或细竹竿或8号铅丝和直径6～8毫米的钢筋构筑而成。拱棚支架沿苗床两侧畦埂,每隔60厘米插入,深约20～30厘米,一面用泥封严,另一面用砖块压实,可随时移动,以利通风。拱架要牢固,高度一致。

这种拱棚式冷床的特点是棚中有棚,膜外有膜:小棚外有中棚,中棚外有大棚;底膜上铺面膜(盘或钵上覆盖),面膜又处于小拱架的棚膜覆盖中,小拱架外又有中拱棚棚膜覆盖,中拱架外还有大棚膜,形成了一个地膜铺底,"四膜"覆盖的格局。必要时,还可在棚外加盖草帘,以进一步提高其防寒效果。

2.电热温床的建造和使用要点

(1)电热温床的建造。电热温床主要靠电热线给苗床加温,并装有控温仪,可实现苗床温度的自动控制,操作简便,出苗整齐健壮。甜瓜育苗宜选用电压220伏、功率800～1 000瓦、长100米的电热线,可供10平方米苗床使用。电热温床的规格大小可按拱棚式冷床育苗的方法计算确定,但床坑深度应比冷床深2厘米。

控好床坑即可布置电热线。布线前先要按苗床的长度和宽度计算好 100 米长的电热线在苗床内布线行数和间距(间距一般为 8～10 厘米):

布线条数＝(电热线长－2 倍床宽)÷床长(取偶数)

线距＝床宽÷(布线条数＋1)

以 7 米长、1.2 米宽的苗床为例,按布线间距平均为 8.5 厘米计算,可以布 14 行。为避免苗床四周与中间温度差异过大,幼苗生长不匀,行线时边缘两条线的间距可适当缩小,中间略加宽。布线时先在苗床两端距床壁 5 厘米处,按间距插入小木棍,木棍长 7～8 厘米,粗 1 厘米左右,露出地面 1 厘米,要插牢。然后从苗床一端开始,将电热线一头固定在木棍上,把线拉到苗床另一端,绕过两根木棍后再拉回来,这样经过多次反复,呈 S 形布线,中间稀,两头密,直到布线完毕。布线时必须注意要将线拉直拉紧,不能交叉重叠。电热线两头引线必须留在苗床的同一端,以便连接电源。布好线后,接上控温仪。苗床两端及全床布线的地方还应盖上 2～3 厘米厚的泥土,不使其裸露。这时就可将两端木棍拔出,接通电源,交付使用。

电热温床电热系统布局如图 5－3 所示。

为安全起见,初次使用可请电工按照使用说明书接线,以免发生意外。

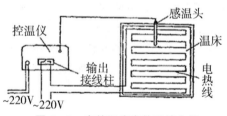

图 5－3 电热温床电热系统布局

(2)电热温床使用要点。电热温床在播种前一天要先接好电,插上温度计,插在床土中,将温度调到 30℃,接通电源,加温,当床温升至 30℃时即可播种。以后根据需要调节电接点温度计至所需温度即可。

使用中要注意以下几点:①布线时要使线在床面上均匀分布,线要互相平行,不能有交叉、重叠、打结或靠近,以免通电后烧坏绝缘层或烧断电热线。苗床两端电热线和接头必须埋在土壤中,不能暴露在空气中。②电热线的功率是额定的，不能剪断分段使用，或连接使用。否则会因电阻变化使电热线温度过高而烧断，或发热不足。③接线时必须设有保险丝和闸刀，各电器间的连线和控制设备的安全负载电流量要与电热线的总功率相适应，不得超负荷，以免发生事故。④电热线工作电压为 220 伏，在单相电源中有多根电热线时，必须并联，不得串联。若用三相电源时必须用星形（Y）接法，不得用三角形（△）接法。⑤当需要进入电热温床内时应首先断开电源。苗床内各项操作均要小心，严禁使用铁锨等锐硬工具操作，以防弄断电热线或破坏绝缘层。一旦短路时，可将内芯接好并用热熔胶密封，然后再用。⑥电热线用完后，要轻轻取出，不要强拉硬拽，并洗净后放在阴处晾干，安全贮存，防止鼠咬和锈蚀，以备再用。

（二）营养土的配制

营养土的结构和成分对薄皮甜瓜根系和幼苗生长有直接的影响。育苗用的营养土要求肥沃、无虫卵、无病菌、无杂草种子、疏松但移栽时不散坨。营养土一般采用田土和腐熟的有机肥料配制，有条件的可选用草炭土和蛭石，忌用种过瓜的菜园土。营养土所用的泥土，一般都在冬前挖取，经冬季晒垡冰冻风化后，除去杂草、加入肥料、农药，覆膜堆放 15 天以上备用。营养土的配制比例，如按体积计算，田土：有机肥（充分腐熟的厩肥或堆肥）＝3：2 或 2：1，或草炭：菜园土（未种过瓜）＝1：3。配制时还可再加入发酵过的兔粪或鸡粪，用量为总量的 1/5。用上述方法将营养土配好后，每立方米营养土可再加复合肥 1.5 千克、草木灰 5 千克、50%敌克松（或 75%甲基托布津）80 克、50%多菌灵 80 克、敌百虫（或辛硫磷）60 克。注意杀菌剂、杀虫剂用量不可过大，以免发生药害。可先用少量土与药混匀，再掺入营养土中，最后将全部营养土充分拌匀，堆放 7～10 天后，装入塑料穴盘中或制成营养土块或用于制作营养钵。

由于各地情况不同，营养土配置时，取材与配置比例有一定差异,如黑龙江省薄皮甜瓜操作规程规定,营养土应取肥沃土 60%、腐熟马粪(或草炭土)30%、炉炭渣 10%,并在每立方米营养土中加入磷酸二铵 2 千克配成。

宁波慈溪一带在配置营养土时,一般多采用多菌灵、甲霜恶霉灵这两种农药进行灭菌,在混拌营养土时先拌入多菌灵,每 1 500千克营养土加入 50%多菌灵可湿性粉剂 450 克;在播种前 3 天再用 30%甲霜恶霉灵对水配制成 600 倍液喷施。多菌灵是一种广谱性杀菌剂,对多种作物由真菌(如半知菌、多子囊菌)引起的病害有防治效果,可用于叶面喷雾、种子处理和土壤处理;甲霜恶霉灵是一种内吸性高效杀菌剂,药效持久,杀菌面广,能防治多种土壤病害。

营养土水分含量要适当,以手握成团,落地即散,放入穴盘成块,起苗移栽不散坨为度。

(三)苗床育苗的载体

苗床育苗的载体现在有两种:一是穴盘式塑料育苗盘;二是营养钵。

1.穴盘育苗盘

穴盘育苗盘有多种规格,按每盘穴数分,有 32、50、72、105、128、200、288 穴等;按材质分,有用塑料制的,也有用无纺布制作的。塑料制的育秧盘又有透明与不透明、硬质与软质之分。还有与营养钵配套使用的托秧盘。宁波慈溪多数都推广使用呈方形的育秧盘,这种秧盘 50 孔/盘。

2.营养钵

薄皮甜瓜的根系发育早,再生能力弱,受伤后不易恢复,因此,生产上多采用营养钵育苗,以保护薄皮甜瓜苗的根系。生产上所用的营养钵可用多种材料制成,常用的有塑料钵、纸筒、塑料薄膜筒和机制土钵等,塑料钵和塑料薄膜筒均可在生资商店买到。纸筒与机制土钵要自己动手制造。

(1)纸筒的制造方法。先用薄铁皮做成 8~10 厘米见方,高

10～12厘米的铁筒为模板,将配好的营养土装入筒内,用裁好的报纸将铁筒卷起,再将铁筒开口一端的报纸折叠起来,使铁筒倒置,抽出铁筒,营养土即可装入袋内。

纸钵内装土时,第一次装至占筒深的2/5,压实成型后,进行第二次装土,达到满钵并进行轻压,使钵土上松下实,以保证移栽时营养钵不破碎。

纸钵是否能正常使用,关键是:一要确保废旧报纸有一定强度并折叠良好;二要注意掌握正确的装土方法;三是在排钵时要使钵与钵之间紧密相靠,并在缝隙间填满土;四是移植前几天要停止浇水,使土块稍干而硬结,便于起苗。

(2)塑料钵。用聚氯乙烯或聚乙烯压制而成,一般筒高10～12厘米,上口大,下口小,底部有孔。薄皮甜瓜以选用上口径8～10厘米,高10厘米的较为适宜。塑料钵一次性投资较大,但可多次使用,苗期管理、使用也方便。

塑料钵装土时,要先装2/3左右,捣实,再装满,稍镇压抹平即可。这种下紧上松的装土方法主要是为防止底土散落,保持上部疏松,促进发根。

(3)塑料薄膜筒。采用很薄的地膜,制成一个薄膜袋,规格同塑料钵。但因薄膜柔软,难以立住,所以装土时比较费工,而且定植要把袋撕破,脱去才能定植,属于一次性使用。

(4)机制土钵。采用口径约8～10厘米的手持制钵器压制,制作土钵的泥土要在冬季取好并经过深翻冻垡,配制营养土时,要加入适量的腐熟厩肥、饼肥及少量复合肥掺匀,再加适量的水,使土能抓紧成团,下落不碎,然后逐个压制后套上塑料袋,逐批放入苗床备用。机制钵操作简便,但应注意营养土的配比,掌握好钵土的松紧度和制作时的含水量,如过松,易破碎,会导致动根、伤根;过紧则影响发根。

(5)草钵。草钵是指以稻草为原料加工而成的形似传统塑料营养钵的育苗容器。目前,由于农村的生产结构和劳动力的变化,稻草或秸秆难以利用,焚烧现象常有发生,易对环境造成严重污染。草钵育苗是稻草和秸秆还田乃至农业废弃物资源化的新兴途径,可减少农业废弃物对环境的破坏并变废为宝。

草钵制造方法。将稻草按长约 25 厘米切断,15~20 根为 1 束,将其按放射状压入口径约 10 厘米的陶钵或竹筒内(稻草要高出钵沿 2~3 厘米),然后装入营养土压实并沿钵口再用草扎牢,除去钵模即成。草钵钵体大,护根效果好,可以培育秧龄较长的秧苗。但制作较为费工,搬运移植较繁重。

无论是采用哪种材料哪种钵型,纸钵、塑料钵、薄膜筒、土钵还是草钵,制作时都要做到"两平一直",即底、顶两面平滑无凹凸,每只钵靠紧竖直,放营养土时都应松紧适度、高低一致,以有利于播后苗床管理。

宁波慈溪是老棉区,一般都有应用棉花制钵器制作营养土钵的有利条件,制作方法与棉花育苗一样。用棉花制钵器 8~10 厘米,高 10 厘米,由它制作的营养土钵较大,适合育大苗,若需育小苗,用专门育西瓜的制钵器 6~8 厘米,高 8 厘米的直径,一个床的土钵排满后,用沙土将钵间空隙填平。

(四)种子处理

1.选种、晒种

(1)选种。育苗用的种子必须饱满并具有较高的发芽率,实践证明,种子质量的好坏与幼苗的生长密切相关,由饱满的种子育成的幼苗健壮、成苗率高、抗病性强,而由不饱满的种子长出来的幼苗瘦弱、抗性差。因此,播种前一定要先进行发芽试验,确认其发芽率在 80%~95% 或以上的才能使用(在一般贮藏条件下,薄皮甜瓜种子发芽率,一年内的为 95%~100%;贮藏了 2~3 年的为 80%~95%;贮藏 3 年以上的只有 30%~40% 或极低)。同时,还应在播种前对种子进行粒选和水选。所谓粒选,是指根据某一品种种子的特征,利用肉眼观察,对甜瓜种子进行逐粒选择,去除其间的杂籽、秕籽、破籽和其他一些杂质;所谓水洗,是指在粒选的基础上,将种子放入水中,由于不饱满种子比重较小漂浮在水面上,而饱满种子比重较大则沉入水中。只有通过粒选和水选,才能完全剔除瘪种和过小的种子,选留出饱满的种子。

(2)晒种。在选种之后要进行晒种。晒种要选晴朗无风的天气,晒种2天。晒种时厚度不要超过1厘米,夏季晒种切不要将种子放置在水泥板、石板或铁板上暴晒,以免种子烫伤,影响发芽率。晒种过程中,要每隔2小时左右翻动一次,使其受光均匀。晒种除有一定杀菌作用外,还可增强种子活力,提高种子的发芽率和发芽势。

2.消毒

种子是传播病害的重要途径之一,为此在播种前需要对种子进行消毒处理,种子消毒的方法有:

(1)药剂浸种。可用于浸种的药剂很多,如用40%福尔马林(甲醛)150倍液浸种30分钟,或10%磷酸三钠浸种20～30分钟,或用50%多菌灵500倍液浸种或70%甲基托布津1 000倍液浸种1～2小时,或用4%氯化钠10～30倍液浸种30分钟,或用50%代森铵200～300倍液浸种20～30分钟都可以有效地杀死种子上所带的枯萎病、蔓枯病、霜霉病、炭疽病、黑斑病、病毒病等病菌。

药剂浸种是种子消毒处理中最常用的技术,方法简便,成本低,效果明显。但要注意以下6个问题:①注意选择药剂的剂型。药剂浸种用的是药剂的稀释液,所用药剂一定要溶于水。目前溶于水的药剂加工剂型有可湿性粉剂、水剂、乳剂和悬胶剂。不能用粉剂浸种,因为粉剂不溶于水,药粉浮于水面或下沉,种子粘药不匀,达不到浸种灭菌效果;②准确配制药液。浸种所用的药剂浓度不是根据种子重量计算的,一般是按照药剂的有效成分含量计算。例如,所用药剂为50%多菌灵可湿性粉剂,则每500千克水中需要加2千克药粉;③浸种的药剂浓度一般和浸种时间有关,浓度低浸种时间可略长一点,浓度高浸种时间要缩短,如果不准确掌握好浓度,就容易发生药害或降低浸种效果;④把握浸种时间。药剂浸种有一定的时间要求,过长会产生药害,过短达不到消毒目的。具体浸种时间要根据药品使用说明进行操作;⑤浸过的种子要冲洗和晾晒,对药剂忍受力差的种子在浸泡后,应按要求用清水冲洗,以免发生药害。如果没有具体说明浸后水洗,就不必水洗。不论需要还是不需要水洗,浸后都应摊开晾干,有的也可以浸后直接播种,这要依农药种类和土壤墒情而定;⑥药液面要高出种子,在浸种时,药液要高出种子16厘米以上,以免种子吸水膨胀后露出药液外,降低浸种效果。

此外,浸种过程中还要充分搅拌,排除药液内的气泡,使种子与药液充分接触,提高浸种效果。

(2)药剂拌种。常用种子重量的0.2%~0.3%的多菌灵、甲霜灵、敌克松等药剂拌种,以杀死种子表面病菌,减轻苗期病害。

(3)温汤浸种。将种子放入55℃温水中,不断搅拌,浸泡15分钟,可基本杀死潜伏在种子上的病菌。

3.浸种

浸种是在种子消毒后实施的一项种子处理措施。浸种的目的是使种皮和胚充分吸收水分,软化种皮,提高种子的呼吸强度,促进养分分解,加速发芽。浸种时间长短与种皮厚度和水温有关。操作方法是:将3倍于种子体积的55℃温水倒入盛有种子的容器内,边倒边搅动,待水温降至30℃左右时停止搅动,用手搓掉种子表面的黏液。把水倒掉,再换上30℃左右温水浸泡6~8小时,并加入50%多菌灵800倍液消毒,然后捞出种子洗净后置于干净的用水烫过的纱布中,在28~30℃条件下催芽。

4.催芽

种子催芽是指为保证种子出苗快而整齐,通过人工控制,创造适宜的温度条件,促使种子快速萌发的过程。催芽有多种方法,慈溪市一般是采用湿毛巾包裹种子在28~32℃条件下(可置于恒温箱中或利用暖水瓶、人体体温)进行催芽,时间为24~30小时。催芽过程中,要每隔4～5小时拣1次露白种子,并置于13～14℃的阴凉处用湿布包好待播。当种子有70%露白时即可播种。无论是接穗苗种,还是砧木苗种都要这样处理。

薄皮甜瓜种子在催芽过程中,有时会出现种皮从发芽孔处开口,甚至整个种子皮张开的现象。种皮开口后,水分进入,易造成浆种(种仁积水发酵)、烂种,胚根不能伸长等,暂时不浆不烂的种子,也不能顺利完成发芽过程而夭折。发生这种情况主要有以下几种原因。

1.浸种时间过短

种子在水中浸泡的时间短,水分便不能浸透到内层去。当外层吸水膨胀后而内层仍未吸水膨胀,这样外层种皮对内层种皮就会产生一种胀力,但由于内外层种皮是紧密联系在一起的,而且外层种皮厚,内层种皮薄,所以,内层种皮在外层种皮的胀力作用下,被迫从"薄弱环节"的发芽孔处裂开。

2.浸种时温度过高

在用温水浸种时,一是温度过高,二是时间过长。

3.催芽湿度过小

种子经浸种后,整个种皮都会吸水而膨胀。催芽时温度较高,水分蒸发较快,如果湿度过小,则外层种皮很容易失水而收缩,但内层种皮仍处于湿润而膨胀的状态,内外层种皮间便产生了压力差,内层种皮便会在外层种皮收缩力的作用下被迫裂开。

4.催芽温度过高

催芽时,如果温度超过40℃的时间达2小时以上,会导致薄皮甜瓜种皮失水而收缩,从而出现与催芽时湿度过小相同的原因而使种皮裂开。

催芽时还需注意3点:一是要使催芽温度相对保持稳定,不可过高或过低,温度过高,催出后芽尖发黄,播种后幼苗生长弱,子叶卷曲,太高时甚至会将种子烫死,而温度太低则发芽缓慢。二是要在催芽过程中经常翻动种子,使种子均匀受热并用温水清洗,否则会因温度较高,发酵而产生一种难闻的酸味物质。幼芽接触到这些物质易变黄或腐烂而出现种子烂芽现象。三是要注意催芽效果,胚根(芽)长度要适当,以露白为度,最长以不超过 3 毫米长为好,过长播种时容易折伤。

(五)适期播种

甜瓜属于喜温的晚春作物,其播种期应稍早于西瓜,但晚于大多数大田和蔬菜作物。如苗床土温低于 15℃以下不能播种,否则会使出苗时间大大延迟,影响幼苗质量。苗床温度达到 15℃以上时,浙江的物候期正是桃树始花、柳树萌芽的大好季节。在浙江宁波慈溪一带,薄皮甜瓜一年可种两茬,头茬大棚栽培一般在 2 月中下旬或 3 月初播种;露地地膜覆盖栽培的一般多在 3 月中下旬播种,苗期 1 个月左右。当拱棚内地温(10 厘米土层)稳定在 15℃以上,日平均气温稳定在 18℃以上,即可定植。二茬薄皮甜瓜播种期一般应在 8 月 25 日之前,可采用直播或育苗移栽,苗龄 15 天,育苗移栽的于 9 月 10 日前定植为宜。

早春大棚育苗,播种作业应注意以下几点。

(1)播种前,应浇足底水;排好盘(钵),盘(钵)排列要紧密、平整,以便浇水一致,保温、保水。

(2)温床育苗要调节好床温,床温达到 25℃左右才能开始播种。

(3)要选择晴天上午进行播种。播种时,先在营养钵中间扎一个 1 厘米深的小孔,再将种子平放在营养钵上,胚根向下放在小孔内,每钵播种 2～3 粒,然后均匀撒施营养土,盖土厚度一般为 1～1.5 厘米,小粒种子覆土薄些,大粒种子覆土厚些。覆土不能太厚,也不能太薄。太厚出苗迟缓,苗弱,甚至造成烂种;太薄则易发生带壳出土现象。

(4)播完一床后,在床面撒少量用 800 倍敌百虫液拌好的麸子,以毒杀蝼蛄等地下害虫,并在苗床周围放好鼠药,以防鼠害。同时要立即搭好拱架,盖好塑料薄膜,夜间加盖草苫防寒保温。

（六）播种后的苗床管理

1.苗床化学除草

苗床化学除草于播种覆土后盖膜前进行,每亩苗床用禾草净70～80毫升对水70～75千克均匀喷雾。

2.温度管理

温度管理应掌握高—低—高—低,即两高两低的原则。具体地讲,幼苗出土前温度要高,白天不放风,使床温控制在 28～32℃,如晴天床温过高,可加盖草帘降温。夜间加盖草帘保温的苗床,草帘早晨应晚揭,日落前早盖。幼苗开始出土(弯脖)至露心这一段时间,要适当降低苗床温度,防止幼苗徒长形成高脚苗,白天温度应掌握在 22～25℃,夜间保持 12～14℃。一般 80% 以上幼苗出土时开始放风,放风时应顺风向开口,风口大小、通风时间的长短,应由小到大、由短到长逐步进行,切忌突然大量通风。晴天中午应适当加大放风量。草帘应早揭晚盖。第一片真叶展开后,应适当提高床温,以 28～30℃ 比较合适,以加快幼苗生长;随着幼苗的生长和外界气温的上升,通风口越来越大,通风时间也相应加长,这段时间要防止"闪苗"和"烤苗"。烤苗是因床温过高所产生的对叶片的烧伤现象;闪苗是由于放风量急剧加大或寒风侵入苗床所引起的寒害。在定植前一周,要降低棚内温度,加大放风量,夜间可不盖草帘,中午可逐渐揭膜炼苗,炼苗时间由短逐渐加长。定植前 2～3 天可将农膜撤去,使幼苗逐渐适应外界条件、有利于定植后缓苗。在育苗过程中还应注意天气变化,防止寒流侵袭,在寒流到来之前应做好防寒保温工作。

3.水肥管理

薄皮甜瓜苗期对水分反应较为敏感,为防止幼苗徒长,在浇足底水的情况下,苗期应严格控制浇水。出苗前不浇水,第 1 片真叶展开前尽量不浇水,若中午叶片萎蔫,则可用喷壶少量浇水。电热温床由于失水快,应根据床土湿度及时补充水分,最好浇温水。一旦缺水幼苗生长缓慢,真叶发黑变小,育苗时间就要延长。浇水另要防止大揭大浇,应随揭随浇随盖。在瓜苗生长过程中,如发现缺肥现象,应结合浇水进行少量施肥,一般用 0.1%～0.2%尿素水浇施,也可用 0.2%磷酸二氢钾溶液进行喷洒。

4.及时间苗定苗及其他管理

要及时进行间苗、定苗,原则做到每只营养钵只留一株苗;要及时对营养钵进行松土除草;苗龄 25 天以上,真叶 3.5 片时,应在晴天进行交叉开洞炼苗;要确保光照充足,幼苗叶色浓绿,生长健壮,抗性强;光照不足时,幼苗叶色发黄、脚高而弱,抗病性差。为保证有充足的光照,在不影响保温的情况下,应早揭草帘、晚盖草帘;在阴雨天,若床温不低于 16℃时也应将草帘揭开、或采取隔一揭一草帘的方法,使幼苗更多地接受散射光。同时要保持棚膜的清洁,增加透光度;要注意防病,重点防治猝倒病、炭疽病、蝼蛄、蚜虫等;移栽前要喷好起身肥和活力素,确保栽后早活棵、早发棵。

第三节　嫁接育苗

随着薄皮甜瓜生产的不断发展,保护地面积迅速增加,甜瓜生产过程中连作障碍导致甜瓜枯萎病发生问题也日趋严重,甚至造成绝收。枯萎病等土传病虫害的为害、土壤理化性质劣变已成为威胁甜瓜稳定生产的主要障碍。据研究,枯萎病菌在土壤中可存活 8～10 年,因而倒茬周期长,如果甜瓜枯萎病为害得不到有效防治,就会制约该产业的可持续发展。就目前情况而言,防治薄皮甜瓜枯萎病的主要措施不外乎水旱轮作倒茬、化学药剂防治、选用抗病品种和采用嫁接栽培。

1.轮作换新地栽培

轮作换新地栽培是最有效、最简便易行的栽培措施,但由于土地面积有限,以及一些栽培设施条件的限制,生产上合理的轮作换地很难完全实现。水旱轮作是薄皮甜栽培最有效的防病方法。

2.化学药剂防治

目前,生产上已推出不少防治甜瓜枯萎病的药剂,但其防治效果差,且成本高,目前还没有防治西瓜、甜瓜枯萎病的理想特效药剂。

3.选育、采用抗病品种

育种专家培育出了一些抗病品种,但抗病效果尚不够理想。

4.嫁接栽培

嫁接栽培是日本等国解决西瓜、甜瓜枯萎病的最佳途径,也是目前符合中国国情,最为简便、最为有效的方法。据统计,日本温室栽培西瓜的98%、露地西瓜的92%、温室甜瓜的42%均采用嫁接进行生产;韩国温室栽培西瓜的98%、露地西瓜的90%、温室甜瓜的95%、露地甜瓜的83%都采用了嫁接。除了日本和韩国的西瓜甜瓜生产普遍采用嫁接外,近年来地中海沿岸国家,如西班牙、意大利、土耳其等,西瓜甜瓜嫁接栽培也发展较快。从国内的情况来看,嫁接在黄瓜、苦瓜、西瓜、甜瓜生产中均有应用,但嫁接苗的普及率与日本和韩国相比尚有很大差距。

实践证明,嫁接栽培不仅是从根本上防治枯萎病的有效措施,同时,由于嫁接所用砧木根系强大,吸收水肥能力强,可减少施肥量20%左右,而能使甜瓜产量大幅度增加。嫁接还可使甜瓜的耐寒能力得到一定程度的提高,促进甜瓜苗在较低的温度下正常生长,使甜瓜提早开花、提早结果、提早成熟。因此,嫁接栽培,不仅可以有效地防治甜瓜枯萎病,而且能在一定程度上减轻连作障碍,收到增产、早熟的效果,是保护地栽培中经常采用的配套技术措施。

一、嫁接的基本概念

嫁接,是植物营养繁殖方法之一。即把一种植物的枝或芽,嫁接到另一种植物的茎或根上,使接在一起的两个部分长成一个完整的植株。嫁接的方式分为插接和靠接。嫁接时应当使接穗与砧木的形成层紧密结合,以确保接穗成活。接上去的枝或芽叫做接穗,被接的植物体叫做砧木或台木。甜瓜的接穗一般以 2 片子叶展平时为最佳;砧木的适宜苗龄则以 2 片子叶、1 片真叶最为理想。甜瓜嫁接后,接穗成为新植物体的上部或顶部,砧木成为新植物体的根系部分。

影响嫁接成活的主要因素是接穗和砧木的亲和力,其次是嫁接的技术和嫁接后的管理。所谓亲和力,就是接穗和砧木在内部组织结构上、生理和遗传上,彼此相同或相近,从而能互相结合在一起的能力。亲和力高,嫁接成活率高。反之,则成活率低。一般来说,植物亲缘关系越近,则亲和力越强。

二、嫁接栽培的优点

薄皮甜瓜嫁接栽培有 7 大好处。

1.能明显提高抗枯萎病等病害的能力

枯萎病是困扰瓜类作物生产的主要病害,是镰孢菌属真菌侵染所致,属于典型的土传病害。枯萎病的发生给甜瓜生产带来很大损失,而通过嫁接换根,能够有效提高西瓜、甜瓜抗枯萎病等土传病害的能力。

嫁接技术应用在西瓜、甜瓜上,最初主要是用来防治设施生产中的连作障碍,尽管连作障碍的成因比较复杂,但枯萎病的发生、蔓延是引起西瓜、甜瓜连作障碍的重要原因。而通过嫁接换根,就能够有效提高薄皮甜瓜抗枯萎病等土传病害的能力。最近的研究还发现,嫁接除了可以提高西瓜、甜瓜对枯萎病的抗性外,还可以减少蔓枯病、黑点根腐病、青枯病、萎蔫病等病害的发生,据试验,嫁接后这类病害发生率几乎为零,而未嫁接的甜瓜年发病率可高达 30%～50%。

试验表明,通过选用适宜的砧木进行嫁接,还可以提高甜瓜抗根结线虫的能力。

2.克服连作障碍,提高土地利用率

大棚连年种植薄皮甜瓜,会使土壤积盐和有害物质逐年增多,导致病害、虫害逐年上升,使产量和品质下降。采取嫁接技术后,因砧木的野生性较强,抗逆性较强,可避免土壤盐渍和有害物质对甜瓜的伤害,增强嫁接薄皮甜瓜抗逆性,延长同块土地种植的年份,从而提高了土地的利用率。

3.提高产量

薄皮甜瓜嫁接栽培后,生长速度比薄皮甜瓜自根苗快,茎蔓粗壮、伸蔓快、功能叶面积大,植株生长旺盛、生长量大,同化效率高,根系发达不易衰老,产瓜时间长,增产效果明显,有的能成倍增产。

4.提高抗逆性,促进早熟、提高品质

嫁接除了能够提高薄皮甜瓜的抗病能力外,还能够提高薄皮甜瓜对非生物胁迫的适应能力。例如,薄皮甜瓜生长适宜温度为25~30℃,在冬季保护地栽培或早春覆盖栽培时,前期的低温影响瓜蔓生长、结实和果实的发育,使花期推迟,果实发育不良,这是薄皮甜瓜早熟栽培的一大障碍。而采用嫁接苗耐寒性均有所提高,有利于促进瓜苗在较低的温度条件下正常生长。不仅如此,薄皮甜瓜通过嫁接还能改善品质。此外,通过嫁接,还可以增强薄皮甜瓜的耐盐性,提高耐涝性。

5.促进幼苗健壮生长

试验测定,嫁接苗比自根苗生长旺盛,并且砧木还有较大的根系,根壮则苗旺,能有力地促进嫁接幼苗的生长。

6.提高耐旱能力

嫁接所选用的砧木具有较大的根系,根的分布范围广,对水分吸收能力强,同时对病虫害有较强的抗性。例如,薄皮甜瓜自根苗发生涝害一昼夜,根系就会窒息死亡,而嫁接苗基本无害。

7.减少肥料的施用量

因砧木的根系分布广,吸收能力强,能够在较大范围土壤中吸收养分,供给地上部的能力强,供肥力足,所以,从苗期和中后期利用肥料较经济。据有关资料介绍,用葫芦砧可少施肥25%,用南瓜砧可少施30%~40%,明显节肥。

三、薄皮甜瓜嫁接砧木的筛选

用于嫁接的砧木品种必须具备以下条件:一是抗病性强,特别是要高抗枯萎病,甚至免疫;二是与甜瓜接穗的亲和力好,共生亲和力强,嫁接易成活,生长发育快,能够正常生长结果;三是对产量和品质无影响;四是嫁接操作方便。符合这些条件的砧木品种很多,选用时必须认真通过试验对比,进行筛选。

金珠群、王毓洪等(2007)试验"薄皮甜瓜不同砧木嫁接效应比较"表明:圣砧1号和新土佐2种南瓜砧木嫁接当地薄皮甜瓜品种花皮脆瓜,2种砧木的嫁接苗亲和性表现均佳,圣砧1号嫁接成活率达96.2%,新土佐达95.5%;抗枯萎病效果极佳,整个生育期均未见发病;在嫁接苗生长速度方面,圣砧1号快于新土佐嫁接苗,且第1雌花开放早1天左右,盛花期早2天左右;圣砧1号嫁接组合产量表现略逊于新土佐嫁接组合;而且2种砧木对果实口感均无不良影响。

莫云彬、陈海平、冯春梅、董国堃等于2003年也进行过"不同砧木对嫁接薄皮甜瓜的影响"试验(2005),试验砧木选用当前薄皮甜瓜嫁接中均有使用的3个砧木品种:即云南黑籽南瓜、世纪星甜瓜根砧和掘金龙。其中,世纪星甜瓜根砧和掘金龙为白籽南瓜品种;接穗品种选用本地薄皮甜瓜地方品种黄金瓜。试验分两个阶段进行,第一阶段在苗期,测定各种砧木与接穗的嫁接成活率。所有砧木均于2002年12月5日播种,接穗迟播3天,3次重复,随机区组排列,每小区200株,采用劈接法嫁接。第2阶段在大田栽培期,考查各种砧木对嫁接薄皮甜瓜产量、品质、抗病性等性状的影响,以不嫁接的自根黄金瓜为对照,设4个处理,3次重复,随机区组排列,小区面积25平方米,种植25株,株行距0.5米×2.0米。该试验在浙江省临海市农业科技示范园的育苗棚和薄皮甜瓜重茬地进行。育苗采用电热温床,电热线功率 100～120 瓦/平方米。嫁接时间 12 月 15～16 日。嫁接后苗床白天温度保持 25～28℃,夜间 18～20℃,相对湿度控制在 90％以上。嫁接后前 3 天,苗床遮光;4～10 天后逐渐通风见光;10 天后按正常管理。嫁接成活并正常生长的嫁接苗和对照黄金瓜自根苗于 2003 年 1 月 20 日定植于大田,采用三膜覆盖、3 条侧蔓整枝,定植后其他按常规方法实施统一管理。

试验结果与分析如下。

（一）不同砧木的嫁接亲和力

在嫁接后 20 天,待嫁接苗成活后,记载各小区嫁接苗成活株数,进行成活率调查,所记载的数据,用新复极差作统计分析,结果如表 5-1 所示。

表 5-1　不同砧木嫁接薄皮甜瓜成活率比较

砧木品种	小区成活数（株）				成活率（％）	5％差异显著性
	Ⅰ	Ⅱ	Ⅲ	平均		
掘金龙	183	187	182	184.00	92.00	a
世纪星甜瓜根砧	179	174	179	174.33	87.17	a
云南黑籽南瓜	177	180	173	176.67	88.33	a

由表 5-1 可知,供试 3 种砧木嫁接成活率均较高,都达到了 87％以上;嫁接成活率差异不显著。试验表明供试各砧木嫁接亲和力相对较高,嫁接亲和性强。

（二）不同砧木对嫁接薄皮甜瓜产量构成因素,抗病性的影响

2003 年 4 月 11 日开始采收,在田间记载各小区的结瓜数、单果重,计算单株平均坐瓜数、平均单果重、小区平均产量等,同时考查每小区枯萎病植株数,计算发病率。根据测得数据进行统计分析,结果见表 5-2。

表5-2　不同砧木对嫁接薄皮甜瓜抗病性及产量构成因素的影响

处　　理	枯萎病病株率（%）	平均单株坐果数（个/株）	平均单果重（千克）	小区平均产量（千克）	折合亩产（千克/亩）
掘金龙作砧木	0.00	9.03	0.315a	77.11a	2057.29a
世纪星甜瓜根砧	0.00	7.10	0.400b	71.00b	1894.28b
云南黑籽南瓜作砧木	0.00	7.34	0.385b	70.65b	1884.94b
黄金瓜自根苗（对照）	28.47	8.46*	0.320a	48.87c	1303.85c

注：表中数据为各处理重复间的平均值；数字后面的字母表示方差分析结果（P=0.05）；*为对照小区未发病正常植株的平均单株坐瓜数。

从表5-2可以看出，3种砧木嫁接的薄皮甜瓜田间枯萎病病株率都为零，表现出高抗病性，而对照自根黄金瓜枯萎病病株率高达28.47%。从平均单果重测定的数据看，以掘金龙作砧木的嫁接甜瓜和对照黄金瓜相差不大，而以云南黑籽南瓜和世纪星甜瓜根砧作砧木的嫁接甜瓜则明显高于对照，差异达显著水平。另从测产结果看，3种嫁接处理的产量与对照黄金瓜差异达显著水平，且以掘金龙作砧木的嫁接甜瓜最高，与其他2种嫁接处理差异达显著水平。

（三）不同砧木对嫁接薄皮甜瓜品质的影响

每小区随机抽取6个甜瓜测定中心可溶性固形物含量，根据测得数据进行统计分析；另外，邀请专业人士品尝，考查甜瓜的口感和风味，结果见表5-3所示。

表5-3表明，中心可溶性固形物含量以对照黄金瓜最高，掘金龙作砧木的嫁接甜瓜次之，经方差分析，两者间差异未达显著水平，黄金瓜与世纪星甜瓜根砧、云南黑籽南瓜作砧木的嫁接甜瓜差异达显著水平。另外在风味方面，除掘金龙作砧木嫁接的薄皮甜瓜与对照黄金瓜相似外，其余嫁接处理的均较差。3个嫁接处理的薄皮甜瓜均未发现有异味。

表5-3　不同砧木对嫁接薄皮甜瓜品质的影响

处　　理	中心可溶性固形物含量(%)				5%差异显著性	有无异味	风味
	Ⅰ	Ⅱ	Ⅲ	平均			
掘金龙作砧木	13.34	13.28	13.35	13.32	a	无	好
世纪星甜瓜根砧	13.15	12.94	13.03	13.04	b	无	较差
云南黑籽南瓜作砧木	12.92	12.97	12.89	12.93	b	无	较差
黄金瓜自根苗(对照)	13.43	13.52	13.39	13.44	a	无	好

　　辽宁省风沙地改良利用研究所金嘉丰、王群对"不同南瓜砧木对薄皮甜瓜生长、产量及品质的影响"(长江蔬菜 2012(8):31～32)也进行了调查对比,他们用6个不同南瓜砧木品种嫁接薄皮甜瓜,研究南瓜砧木对薄皮甜瓜生长、产量及品质的影响。结果表明,各嫁接组合抗枯萎病能力、产量方面都显著提高,但抗白粉病能力及品质方面都有所降低。综合各方面看,选用砧木达美嫁接,嫁接苗成活率高,嫁接后甜瓜产量显著提高,比对照增产49.4%,抗枯萎病能力显著增强,中心含糖量和口感风味与对照相当,可作为今后嫁接栽培的理想砧木品种。

　　综合各地试验,目前较适宜南方薄皮甜瓜嫁接用的砧木品种主要有南瓜、瓠瓜、甜瓜共3种,其中,以选用白籽南瓜类砧木最为常见,在宁波慈溪市表现较好的砧木品种有南瓜圣砧一号、新土佐、甜良缘、老根南瓜砧、甬砧9号、世纪星甜瓜根砧和掘金龙等。

　　1.圣砧一号

　　美国引进品种,属白籽南瓜型杂交种,高抗青枯病、立枯病、凋萎病,嫁接亲和力好,共生性强,嫁接成活率高,耐旱、耐低温、耐瘠薄,嫁接后的甜瓜产量可提高50%,糖度提高2%左右。瓜形大、皮色好。

　　2.新土佐

　　新土佐是"印度南瓜×中国南瓜"杂交一代种,作薄皮甜瓜嫁接砧木,嫁接亲和性和共生亲和性好,幼苗低温下伸长性强,生长势强,抗枯萎病,能促进早熟,提高产量,对果实品质无明显不良影响。

3.老根南瓜砧

青岛三益农业有限公司生产,该砧木嫁接亲和力好,共生亲和力强,成活率高,与其他砧木相比结合面致密,表现出超强的亲和力,嫁接苗在低温下生长强健,根系发达,高抗枯萎病,叶部病害轻,前期耐低温,后期抗高温、抗早衰,对果实的品质没有影响,可以留二茬瓜。

4.甬砧9号

宁波市农业科学院育成,甜瓜本砧,为野生甜瓜杂交种,长势健壮。适宜甬甜5号、东方蜜、黄皮9818、白啄瓜等各种类型甜瓜嫁接,高抗枯萎病,耐低温性强,嫁接成活率高,不影响甜瓜品质,适宜早春设施栽培。

四、育苗技术要点

(一)苗床准备

参阅本章第二节。

(二)播种

播种前的种子处理(选种、晒种、消毒、浸种、催芽)基本上都与常规苗育苗技术相同,请参阅本章第二节。

1.播种期的确定

砧木和接穗是两个不同的生物体,各自都有最适的嫁接时期,如何使二者的最适嫁接时期相遇,是保证嫁接成功的重要一环,通常是通过调整砧木和接穗的播种期来实现的。

播种期的确定主要取决于砧木种类和嫁接方法。薄皮甜瓜嫁接有劈接、插接、靠接三种。嫁接方法不同,要求的适宜苗龄也不相同。靠接、劈接,一般砧木与接穗播期相差5~7天,即接穗比砧木提前5~7天播种为宜。插接,砧木与接穗播期相差7~10天,即砧木比接穗提前7~10天为宜。同时也要视育苗环境温度、湿

度情况和各地其他一些实际情况灵活掌握。在宁波慈溪一带,据
报道,采用插接法是先播砧木后,隔 3～4 天再播甜瓜,砧木具有 2
片子叶 1 片真叶,甜瓜 2 片子叶展平时(苗龄 7 天左右)为最佳嫁
接苗龄,如过于幼嫩的苗,嫁接时不易操作,过大的苗,因胚轴髓腔
扩大中空,影响成活;采用靠接法,甜瓜播种 6～7 天后,再播种砧
木,待甜瓜苗龄达到 18～20 天时,两种苗子茎粗相近,就可以进行
嫁接;如采用劈接法,可在甜瓜苗播后 5～7 天再播砧木,甜瓜苗龄
12 天左右为嫁接适期。

　　采用营养穴盘育苗
时,露白种子要播入 50 穴
孔的塑料盘营养土内,每
盘播种 200～300 粒,芽尖
朝下(图 5 - 4)。

　　2.播种的实施

　　催芽的种子在整体上
有 70% 以上露白就可以
播种,播种的载体可以为
塑料穴盘,穴盘为 50 穴孔
的塑料盘。也可播种于各

图 5 - 4　穴盘播种

种营养钵中。播种后覆土,播种时应掌握技术环节与本章第二节
所述基本相同。

　　(三)播后管理

　　1.保温催苗

　　砧木、接穗播种后,应将育苗盘随即放入电热温床上保温催
苗,在大棚内温床上可再铺设旧的厚地膜,再铺上稻草或沙子,能
使放上的穴盘均匀受热,同时要再加上二层薄膜保温(连地膜一共
有四道膜),其中,第一道膜的高度以 30 厘米为好,且膜内要装置
植物照明灯,以保持夜温不低于 12℃(图 5 - 5、图 5 - 6),促进砧木
接穗尽早出苗。

图 5-5　保温育苗床

（摄于慈溪生产基地）

图 5-6　补光的保温床

（摄于慈溪生产基地）

2.剪膜放苗

播种后 10 天左右应特别注意膜内温度,晴朗天气,有时地膜内气温可达 50℃以上,稍一疏忽会烤伤苗或幼芽,所以,要经常观察苗床温度,如发现苗床温度高于 33℃时,应及时放风或遮阴;当有 70％幼苗出土后要立即剪膜放苗(图 5-7);基本齐苗后要及时揭去地膜,揭膜要在下午或傍晚进行,早晨揭膜易使秧苗失水而死亡;要注意保持苗床有合适的温度,幼苗出土后要降低床温,防止徒长,一般要求,白天温

图 5-7　剪膜放苗

度 22~25℃,夜间 16~18℃为宜;要控制浇水,尤其是嫁接前1~2天,以免嫁接时胚轴劈裂,降低成苗率。

播种后苗床管理的其他技术环节与本章第二节所述基本相同。

五、嫁接

(一)嫁接前的准备

1.嫁接场所

嫁接场所最好是选择背风、遮阴、无直射光照射,与外界接触少的地方,一般可选在专设的育苗大棚或温室中进行。在嫁接操作区,首先要进行遮阴,保持 25℃左右的适宜温度。

2.嫁接用具

嫁接需要的用具有:刀片、竹签、嫁接夹或塑料薄膜等(图 5-8)。

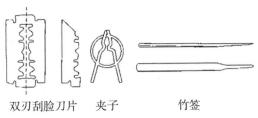

双刃刮脸刀片　　夹子　　　　竹签

图 5-8　嫁接用具示意图

刀片用于削结合面和割除砧木生长点等,一般用剃须刀片,每片大约可嫁接 200 株左右。单面刀片可直接使用,双面刀片折断成两片使用。刀片必须锋利、耐用,愈薄愈好。刀片发钝时要及时更换,以免切口不齐,影响嫁接苗的成活率。

竹签主要用于去除砧木生长点和插孔,多由竹筷削成,长 10～15 厘米,粗度与接穗茎的粗细相近,一端削成与接穗茎粗相等的平面,另一端为扁平状,先端呈半弧形,用火轻烧一下,使尖端变硬无毛刺。一般须做粗细不同的竹签 2～3 个。

嫁接夹是嫁接时固定嫁接部位用的,由厂家专门生产,一般每千克夹子约 1 400 个,一夹可用多年。旧夹再用时应先用福尔马林 200 倍液浸泡 6～8 小时消毒。也可用塑料地膜剪成宽 1 厘米、长 15～20 厘米的窄条,用来固定嫁接部位。此外,还应准备运苗箱、水桶、盆、喷壶、小铲、草帘等用具,在嫁接时用来起苗、运苗、栽苗、保湿和遮阴。

(二)嫁接方法

1.插接法

先播砧木后播薄皮甜瓜。砧木苗应较薄皮甜瓜苗提前 7～10

天播种。插接时,先将砧木的生长点用竹签去掉,用一端渐尖且与接穗下胚轴粗度相适应的竹签,从除去生长点的砧木的切口上,靠一侧子叶朝着对侧下方斜插一个深1厘米左右的孔,深度以不穿破下胚轴表皮,隐约可见竹签为宜。再取接穗苗,用刀片在距生长点0.50厘米处,向下斜削,削成一个长7～10毫米的楔形,切面一定要平直,然后左手拿砧木,右手取出竹签,随即将削好的接穗插入砧木的孔中,使砧木子叶与接穗紧密吻合,同时使砧木子叶和接穗子叶呈"十"字形,不用嫁接夹固定了(图5-9)。该法简便易行,成活率高、嫁接效率高,生产上最常用。

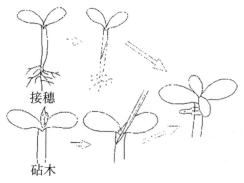

接穗

砧木

图5-9 插接法示意图

技术要点是:①砧木苗要求粗壮,墩实、不徒长;②适期嫁接,砧木苗具有刚开展的一片真叶或真叶一叶一心,接穗为刚展开的子叶苗;③接穗切面一定要平直,因此,嫁接刀片要锋利,一般切削200次以后要及时更换。嫁接工具(竹签、刀片)要注意清洁,经常用75%酒精擦拭,防止病菌侵染。切面必须朝下插入砧木孔中;④砧木用竹签捣孔时不宜过大,使接穗插入后有一定的压力;⑤离土嫁接时,嫁接后把嫁接苗放入保温、保湿的塑料箱或塑料袋中,防止嫁接苗失水而萎蔫,有利切口愈合。

2.劈接法

接穗(薄皮甜瓜)比砧木提前5～7天播种,甜瓜苗龄12天左右为嫁接适期。可采用离土嫁接和不离土嫁接。嫁接操作时,先去除砧木的生长点,用刀片从两片子叶中间沿下胚轴一侧向下纵向劈开1.0～1.2厘米,注意不要将整个下胚轴劈开,否则两片子叶下垂,捆扎困难,影响成活。然后将薄皮甜瓜接穗下胚轴两面各削一刀,削面长 1.0～1.2 厘米,把削好的接穗插入砧木劈口内,用拇指轻轻压平,用嫁接夹固定或用塑料薄膜条扎紧,见图 5－10。

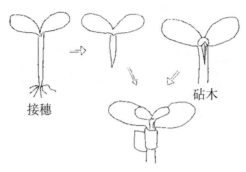

接穗　　砧木

图 5－10　劈接法

若采用离土嫁接,则嫁接后应把嫁接苗放在保温、保湿的塑料箱或塑料袋中。

　　劈接法的优点是伤口愈合好,成活率高,以后生长发育也好;缺点是嫁接效率低,嫁接到成活的管理较费事。

　　3.靠接法

　　(1)靠接法的嫁接适期安排。先播薄皮甜瓜后播砧木。薄皮甜瓜应较砧木品种早播5～7天。嫁接时可以采取离土嫁接,也可以不离土嫁接。

　　(2)嫁接。离土嫁接时,取出大小适宜的砧木与接穗苗,先将砧木生长点去掉,于砧木下胚轴近子叶节1厘米处用刀片呈45°削一刀深达胚轴 1/3～1/2,长 1 厘米左右,于接穗相应部分上削45°,深达胚轴 1/2～2/3,长度相等,左手拿砧木,右手拿接穗,自上而下将两切口嵌入,用嫁接夹固定。完成后将接穗与砧木同时栽入塑料钵中,相距约 1 厘米,切口距地面 1 厘米。不离土嫁接,要在薄皮甜瓜播种5～7天后,将砧木种子播在薄皮甜瓜的旁边,嫁接时带土如前述方法操作,两切口相嵌后,用嫁接夹固定,待嫁接苗成活后,切断甜瓜的下胚轴。靠接法接口愈合好,长势旺,管理方便,成活率高,但操作复杂,不宜大面积推广。

　　靠接的操作方法参见图 5－11、图 5－12、图 5－13、图 5－14、图 5－15 所示。

图 5－11　薄皮甜瓜接穗嫁接适期
（摄于慈溪生产基地）

图 5－12　薄皮甜瓜砧木嫁接适期
（摄于慈溪生产基地）

嫁接时应注意以下几点。

（1）幼苗取出后,轻轻用手把根系上泥土抖掉。

（2）嫁接速度要快,切口要镶嵌准确,夹住甜瓜茎的一面。

（3）嫁接好的苗要立即进行栽植,边栽边盖上小拱棚,注意保温、保湿、遮阴,刀口处一定不能沾上泥土。

（4）用茶壶定向浇透移栽到育苗钵内的嫁接苗,防止水溅到嫁接口处。栽植时不能埋住嫁接夹,嫁接苗的两条根都要轻轻按入泥土中,用土填平。以便于薄皮甜瓜苗后期进行断根处理。

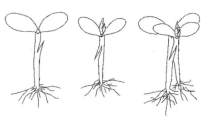

图 5－13　靠接法示意图

六、嫁接苗苗床管理

嫁接后的环境管理是影响嫁接成活率的技术关键。嫁接后,自身已经失去了吸收肥水的能力,仅靠砧木胚轴细胞的渗透作用来供给水分,此时如遇高温、强光、干燥等不良环境条件,接穗就会失水枯萎而死;如遇低温阴雨天气,接口难以愈合。所以,必须做好湿度、温度、光照等环境条件的控制。

嫁接后的第一件事是要立即将嫁接苗带钵排入原有育苗温床,放置在重新铺放了一层薄土,并浇透了水的旧地膜上,对铺土

图 5－14　夹嫁接夹

（摄于慈溪生产基地）

图 5－15　嫁接苗上钵

（摄于慈溪生产基地）

的旧地膜浇水时应对水浇入 96％恶霉灵 3 000～6 000 倍液（或 30％恶霉灵 1 000 倍液）进行土壤消毒。

嫁接苗苗床管理的主要措施有以下方面（图 5－16、图 5－17）。

1.保湿

嫁接苗在愈伤组织形成以前，接穗的供水完全依靠于砧木与接穗间细胞的渗透，而细胞间渗透的水量甚少，如苗床空气湿度低，会引起接穗萎蔫，影响嫁接苗的成活。因此保持苗床湿度，减少接穗水分蒸腾是决定嫁接苗成活率的关键因素之一。嫁接后在小棚的苗床上应浇水，并严密覆盖塑料薄膜，使棚内湿度达到

图 5－16　嫁接苗温床准备

（摄于慈溪生产基地）

图 5－17　嫁接苗进温床

（摄于慈溪生产基地）

95%以上,达到小棚膜内侧出现水珠的程度,并保持 2～3 天内不通风;嫁接苗移入后,要严密注意,特别在移入后的 3～4 天内,要防止接穗萎蔫,3～4 天后使之逐渐接触外界条件,在清晨和傍晚空气湿度高时可开始小量通风换气,以后逐渐增加通风量和通风时间,以降低小棚内的空气湿度,至嫁接成活。即可转入正常的湿度管理,刚嫁接后如接穗出现凋萎,可用喷雾器喷温水,但喷水只针对接穗,要防止水珠流入嫁接口,引起接口腐烂,影响成活。

2.保温

甜瓜嫁接后至第 1 片真叶展开的 3～7 天内(冬长春短),是决定嫁接成败的关键时刻,为了促使伤口愈合,这段时间应使苗床环境保持较高的温度。其原因是因为嫁接愈合过程中需要消耗物质和能量,嫁接处呼吸代谢旺盛,提高温度有利于这一过程的顺利进行。但温度也不能太高,否则呼吸代谢过于旺盛,消耗物质过快,也会影响成活。适宜的温度是:白天以 24～26℃,最高不超过 30℃;夜间 18～20℃,最低不能低于 15℃;3～7 天后,开始通风降温,白天保持温度 22～24℃,夜间降温至 13～15℃,使嫁接苗逐渐适应田间环境条件。

3.遮光

嫁接后要避免阳光直接照射苗床,以免引起接穗失水凋萎,因此需要进行遮光。遮光的方法是在塑料小拱棚外面覆盖草帘、遮阳网、无纺布等不透光覆盖物。嫁接的当天和次日必须遮光,第三日早晚除去覆盖物,以散射弱光照射 30～40 分钟,以后逐渐增加透光度,延长光照时间;1 周后只在中午遮光,10 天后可以完全撤去遮光物,恢复一般苗床管理。

4.通风换气

嫁接 3 天后,早晚可揭开薄膜两头换气 1～2 次。5 天后嫁接苗新叶开始生长,应逐渐增加通风量。增加光照,10 天后嫁接苗基本成活,可按一般苗床进行管理。阴雨天是引起嫁接苗死亡的关键因素,必要时人工补光。20 天后可以定植到大田。定植前应炼苗 3～5 天,防止嫁接后的幼苗发生徒长。

5.防治病害

薄皮甜瓜嫁接苗处于高温、高湿与遮光条件下，病菌易从接口处感染。因此除了育苗土消毒外，苗期还应及时喷洒75％百菌清可湿性粉剂800倍液或50％多菌灵可湿性粉剂1 000倍液，或用代森锰锌500倍液，50％百菌清800～1 000倍液喷雾防治。整个苗期，一般需喷药2～3次。在喷药防病的同时还可适加0.2％磷酸二氢钾加0.3％尿素进行根外追肥，以促进嫁接苗的生长发育。

6.抹除砧木侧芽

嫁接后，砧木生长点处要生出赘芽，故嫁接一周后应及时用手抹除赘芽，以免消耗养分。去除砧木萌芽的方法是：用镊子夹住侧芽轻轻拉断或用小手术刀切除。注意不要伤及接穗和砧木子叶，定植前一般需摘芽3～4次。

7.去夹、断根

嫁接苗接穗开始长出新叶，表明嫁接已经成活。对于成活并且接口牢固的嫁接苗应及时除去固定物，以免影响秧苗的生长。靠接苗成活后还要进行断根，即切断接穗的根部。断根不可过早，断根过早会导致接穗的凋萎。断根的适宜时间以接穗从砧木上能得到充足的养分供应，接穗胚轴的接口上部开始肥大，与下部有明显的差别时进行为好，从时间上推算，应为嫁接后18天左右。断根时用刀片连续切断接穗根部两下，防止粘连（图5-18、图5-19）。

图5-18　移栽入棚的嫁接苗　　　图5-19　嫁接苗断根
（摄于慈溪生产基地）　　　　　（摄于慈溪生产基地）

薄皮甜瓜

8.低温炼苗

定植前一周注意低温炼苗,白天22~24℃,夜里13~15℃。嫁接25~35天后,嫁接苗3~4片真叶时可移栽于大田。

嫁接苗苗床管理见图5-14至图5-19所示。

第四节 定 植

一、常规苗的定植

（一）播植期的确定与壮苗要求

1.合理确定播植期

宁波慈溪一带薄皮甜瓜栽培一般都是一年两茬,大棚栽培,嫁接苗可提前到头年12月播种。春季栽培于2月中下旬至3月上旬播种,3月下旬至4月上旬定植,5月中下旬至6月初采收;秋季为反季节栽培,播种过晚,果实不能成熟。根据试验,宁波慈溪一带,其最晚播种期必须在8月25日之前,苗龄15天左右,9月10日前定植。

2.壮苗要求

秧苗素质的好坏,直接影响产量。薄皮甜瓜要获得优质高产,必须确保所定植的瓜苗符合壮苗的要求。根据多年的实践,薄皮甜瓜春茬苗的壮苗标准是:苗龄30~35天;根系发达,白色;茎粗0.35~0.4厘米;子叶下胚轴直径0.3厘米以上,节间短,苗敦实;移栽前苗高低于15厘米（以叶片所达到的最高度计）;真叶3~3.5片,叶色绿或深绿（因品种不同而异）,有光泽,根系发达,色白,充满营养钵。秋季苗的壮苗标准是:苗龄15天左右,三叶一心,苗高15~20厘米,茎粗0.3~0.5厘米。叶肥壮,绿或浓绿无病虫害。根系发达,色白,充满营养钵。

（二）定植前准备

1.整地、消毒

春茬栽培宜选择大棚前茬为早春莴苣或前茬为非瓜类作物且

124

地下水位低，排灌方便、土质疏松、肥力水平较高的地块为栽植地，要求在前茬作物收获后，对大棚进行一次彻底的清理，清除棚内所有杂物，保持大棚环境清洁卫生；要全层深翻，深度 20～30 厘米并精细整地作畦、配好排灌沟系。

2.施足基肥

结合整地，施足基肥，基肥应以有机肥为主，加适量的复合肥料，目前多提倡使用商品有机肥或复合微生物肥料。

使用商品有机肥五大优点。

（1）商品有机肥中的大量营养元素、中微量营养元素含量较高，是烘干鸡粪和农家肥的 2～4 倍。据测定：一般商品有机肥料中：氨基酸＞7％，有机质≥30％，腐殖酸≥8％，氮磷钾≥5％，钙镁硫总量≥8％，铁锰锌硼钼等微量元素 0.3％～1％，pH 值 6～8，水分＜10％。

（2）商品有机肥不含饲料添加剂，特别是各种重金属含量没有检出。

（3）商品有机肥储存、运输、施用方便。

（4）商品有机肥无臭味，施用时清洁卫生。

（5）商品有机肥通过高温发酵，无病菌虫卵。

使用商品有机肥，特别是商品复合有机肥或商品复合微生物肥料对改善作物品质、提高作物抗病抗逆性，改良土壤物理和化学性状，增加土壤团粒结构，培肥土壤，具有重要意义。它是一种高效持久的无公害有机肥料，是生产绿色食品的首选肥料。

更为重要的是，增施商品有机肥可以大大降低薄皮甜瓜中的亚硝酸盐含量，从而降低果品食用后生成亚硝酸胺过量致癌的风险。

根据慈溪农业科学研究所多年试验，薄皮甜瓜爬地栽培的每亩以沟施或平施入腐熟的有机肥 1 000 千克或商品纯有机肥300～400 千克或饼肥 200 千克，硫酸钾型三元复合肥 30 千克为宜；立架栽培的可亩施腐熟有机肥 1 500 千克或商品纯有机肥（或复全微生物肥料）400～500 千克,硫酸钾型三元复合肥 30 千克为宜。施用时,一次性将基肥翻地时撒施深耕,施肥时要力求均匀,不留死角。

3.畦面覆膜

宁波慈溪一带,目前一般都采取爬地栽培,8 米标准钢管大棚做畦 2 行,做成中间微凸的龟背型畦,扣好大棚膜提高地温。做完畦,铺设滴管后,于瓜苗移栽前用幅宽 2.5 米左右银灰色地膜覆盖在种植行上,膜面要平整、干净、四周要压实。压入土中的膜边不宜过宽,以 5 厘米左右为好,防止水分蒸发(图 5－20)。

图 5－20　移栽前平铺地膜(地膜)、压实边膜,防止水分蒸发
(摄于慈溪生产基地)

4.防治地下害虫

定植前整地同时要撒施辛硫磷颗粒剂 2～3 千克,防治地下害虫;随后整地作畦。

5.带肥带药起苗

定植前一天,在苗床施用适量复合肥作为瓜秧的"起身肥",并喷施 50％多菌灵 800 倍液或 75％百菌清 600 倍液或 64％杀毒矾400 倍液喷洒防病,带肥、带药起苗。

(三)定植的实施

1.定植时间

薄皮甜瓜苗龄 3 叶 1 心至 4 叶 1 心,棚内 10 厘米深土层地温稳定通过 13℃以上时为定植适期(宁波地区春节前移栽时可能达不到该温度,立春过后半个月左右能达到该温度),此时可选寒流刚过的晴天上午定植。

2.定植密度

定植密度一定要合理。所谓合理,是指在单位面积上,栽种薄皮甜瓜的株数(或穴数)要适当,每亩株数(或穴数)的多少,决定于株距、行距,株距、行距要多少才算合理,必须根据自然条件、品种特性、栽培模式以及耕作施肥和其他栽培技术水平而定。合理的定植密度是增加薄皮甜瓜产量的重要措施。

薄皮甜瓜果实和其他植物一样,90%～95%的物质来自光合作用的产物。叶片是植物进行光合作用的主要器官,是制造有机物质的小加工厂。叶片中的叶绿素把薄皮甜瓜根系吸收的水、肥和无机盐以及叶片气孔吸收的二氧化碳通过太阳光的作用,将无机物质转化为有机物质,再输送到植株的各个部位,供给植株生长发育的需要和积累。因此,叶面积的大小直接影响干物质的形成,薄皮甜瓜果实产量与叶面积大小关系密切。在一定范围内,增加密度,扩大叶面积,光合产物增加,产量上升。但密度过大,叶片相互重叠,株间透光率降低,田间郁蔽,影响结果,叶片光合作用降低,有机物质积累总量反而减少,产量下降;叶片重叠,容易引起病害发生。在合理密植的情况下,由于叶面积的增加,光合产物的增长大大超过呼吸消耗量,干物质净增量增多,因此,产量较高。

合理密植是增加薄皮甜瓜单位面积产量的有效途径。其作用主要在于充分发挥土、肥、水、光、气、热的效能,通过调节薄皮甜瓜单位面积内个体与群体之间的关系,使个体发育健壮,群体生长协调,达到高产的目的。

不同品种,不同栽培季节、不同栽培模式、不同延蔓方式,适宜的栽培密度也不一样。在一般情况下,爬地栽培密度应比立架栽培的稀一些。但在具体实施中,各地对薄皮甜瓜的种植密度不尽一致,而且差距较大。

齐红岩、李亚兰(辽宁省设施园艺重点实验室,沈阳农业大学

薄皮甜瓜

园艺学院)和李丹、李天来等以玉美人薄皮甜瓜为试材,开展了不同定植密度对薄皮甜瓜生长发育、产量和品质影响的研究[不同定植密度对薄皮甜瓜生长发育及产量影响的研究,北方园艺,2005(3):53～55]。试验采用吊蔓栽培,双蔓整枝,两条子蔓各留一个瓜,子蔓6片叶摘心后继续选留两条孙蔓,每条孙蔓各留一个瓜。甜瓜开花后采用防落素喷花处理,其他田间管理同常规生产。

试验处理采用裂区试验设计。设行距与株距二因子,行距为主区,株距为副区,行距2水平,即A1:畦内小行距0.60米。A2:畦内小行距0.70米;株距0.3米,即B1:0.35米,B2:0.40米,B3:0.45米,共6个处理。比较了不同定植密度对薄皮甜瓜生长发育、产量、果肉的厚度及折光糖度的影响,结果表明:适当的加大株行距,有利于甜瓜植株叶面积的扩大,促进植株鲜重和干重的增加和果实的膨大。在同一行距条件下,增加株距,利于提高果实的折光糖度和果肉厚度。此外,在小行距条件下,适当扩大株距有利于产量的提高,而在大行距条件下,适当的减少株距有利于产量的提高。他们的最终结论是:设施内吊蔓栽培甜瓜,定植密度以适当加大行距,减少株距的处理(亩栽2 300株)和适当减少行距,增大株距的处理(亩栽2 300株)较为适宜。

山西省农业科学院园艺研究所智海英等以世纪甜薄皮甜瓜为试材,进行了栽植密度试验,试验统一采用行距70厘米,株距分别设15厘米、20厘米、25厘米、35厘米、45厘米、55厘米、65厘米共7个水平;整枝方式设2蔓、3蔓、4蔓及多蔓(n)共4个水平,根据留子蔓数分别在主蔓2～4叶展开时适时摘心,之后根据设计留蔓数定蔓,其中,多蔓整枝(n)留所有子蔓;利用防虫网隔离传粉昆虫。试验结果表明,薄皮甜瓜世纪甜进行网棚春茬栽培的最佳方式为:定植密度为3.2万株/公顷(亩栽2 133株)即以株行距为45厘米×70厘米,较为理想,可以获得较高产量,但成熟延迟。各处理的平均单瓜质量具有随定植密度的降低而逐渐增加的趋势,说明增大株距改善了田间通风透光条件,促进了单株总叶面积的增

128

加,有利于干物质的积累和果实膨大。

在生产实践中,由于各地气候条件、土壤条件、品种、栽培模式等诸多因素的差异,薄皮甜瓜常规栽培的种植密度很不一致,据介绍:吉林、黑龙江、河北、山东省保护地栽培,一般畦幅 120 厘米,每畦栽两行,小行距 50 厘米,株距 40 厘米。辽宁省温室栽培畦幅 100 厘米,每畦栽两行,株距 25～40 厘米,小行距约 40 厘米。保护地栽培定植前 15～20 天整地扣棚,烤地提高地温,定植后搭设小拱棚,促进缓苗。福建省农业科学院在对丽玉薄皮甜瓜试验中,认为以株距 0.4～0.5 米,每亩定植 800～1 000 株为好。江苏溧阳农林局试验,认为大棚内立架栽培单蔓整枝,以 1 600 株/亩为宜,爬地栽培双蔓整枝以 600 株/亩为好。宁波市农业科学院通过薄皮甜瓜甬甜 8 号的选育与试种认为该品种设施栽培春季适宜播种期为 1 月上旬至 2 月下旬,2 月中下旬定植。采用爬地栽培,双蔓整枝,行距 2.5 米,株距 50 厘米,7 200 株/公顷,总蔓数 960 条;或三蔓整枝,行距 2.5 米,株距 75 厘米,320 株/亩,总蔓数 960 条;或四蔓整枝,行距 4 米,株距 50 厘米,定植于畦中部,320 株/亩,总蔓数 1 280 条;都能获得较好增产效果。他们认为,在爬地栽培时,这样的栽植密度(折成亩栽株数为 320～480 株)是恰当的。如果采用立架栽培,单蔓整枝,亩栽株数可以增加至 1 000～1 200 株。慈溪市、鄞州区、宁海县的看法与市农科院相近,都认为薄皮甜瓜应以爬地栽培为主,一般以亩栽 300～500 株为好。

在生产实践中,爬地栽培瓜果型大,生产操作简便,生产成本低,适宜于大部分低端薄皮甜瓜的生产。

越是向北,种植密度越大;而且立架栽培种植密度普遍高于爬地栽培。

3.定植深度

定植深度要适宜。这是由于土壤中有充足的空气和较高的温度、湿度条件,才能保证根系正常进行呼吸。如果定植过深,由于深层土壤中空气较少,温度低,不利于薄皮甜瓜根系的生长,会使缓苗期延长,幼苗生长慢。如果定植过浅,虽然空气和温度条件好些,但是由于营养钵或营养土块组织疏松,水分极易蒸发,定植或浇水后,营养土块会露在地面,容易失水变干,难于成活。

薄皮甜瓜栽植深度以1厘米左右为宜,并要求在定植时营养钵或营养土块的钵口(或土块口)与畦面相平,子叶离地面1～2厘米。

4.定植方法

定植多选择在晴天 9:00 时至 15:00 时进行,具体操作方法是:先把小拱棚膜揭开,按株距划出定植穴位置,再用定植铲在定植穴中心破膜挖穴,定植穴的大小要与营养钵的大小相适应,然后向穴内浇注含有多菌灵药液的底水,待水分下渗后栽苗,栽苗要小心,避免伤苗和伤根。栽苗后,用手轻轻按实即可。但不要挤压土块和碰伤瓜苗。然后再浇足活棵水,但不能灌大水,以免降低地温,最好进行穴灌,以定植瓜苗根系周围的土壤充分湿润为度;浇水后封穴,并在垄面上插上小拱架,扣上小拱膜密封 3 天。

二、嫁接苗的定植

嫁接苗定植有带夹定植与不带夹定植两种(图 5-21)。

嫁接苗的定植与常规育苗基本相仿,但要注意以下几点。

1.嫁接创口完全愈合,可以移栽

经观察,大部分嫁接苗创口已完全愈合,定植苗龄达到 3 叶至 4 叶 1 心期且棚内 10 厘米地温稳定通过 15℃以上时就可以选寒

图 5-21 带夹定植(左)与不带夹定植(右)

(摄于慈溪生产基地)

流刚过的晴天上午进行移栽。移栽前要除去病苗、弱苗、畸形苗。移栽后及时去掉嫁接夹,可避免嫁接口受伤。

2.嫁接苗的定植密度要比常规苗稀少一些

嫁接薄皮甜瓜根系粗壮发达,吸肥吸水能力强、生长势强,应比常规苗适当稀植为好。据慈溪市农业科学研究所金珠群等试验,以行距4米、株距0.7米,亩栽250株,四蔓整枝为好,不仅可以获得较高产量,且果品有较高品质,2008年据王旭强等试验,《长江蔬菜》上有"嫁接菜瓜大棚高产高效栽培技术"报道,亩产达到5000千克以上。

3.浇透定根水

定植后,要立即浇透定根水(图5-22),并多膜保温保湿(图5-23),促使尽快成活。

4.防止接穗(甜瓜)萌生不定根和砧木萌芽

嫁接成活后,接穗如发生不定根,扎入土壤,会

图5-22 浇好定根水

失去换根防病的作用。为此移栽时,应注意不要栽植过深,嫁接口应高出地面1厘米左右,防止下胚轴部分接触土壤产生自生根,降

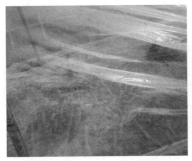

图5-23 多膜保温

低抗病能力。

采用靠接法的嫁接苗,嫁接成活后即接口愈合后随即切断接穗根部,断根部位要尽量靠近接口,不要靠近地面,以免发生不定根而影响嫁接效果。与此同时,嫁接成活后要及时将砧木上萌发的侧芽除去,防止其与接穗争夺养分,影响接穗生长发育。在移栽前和大田定植后还应随时除去砧木上的蘖芽。

第五节　大棚栽培的田间管理

一、大棚环境特点及调控

薄皮甜瓜大棚栽培,塑料薄膜覆盖形成了一个相对封闭的环境,其小气候条件与露地栽培有明显差别。因此,要正确地进行薄皮甜瓜的大棚田间管理,必须掌握大棚内环境的特点,并采取相应的调控措施,满足薄皮甜瓜生长发育的需要,从而获得优质高产。

(一)光照

大棚内的光照条件取决于棚外太阳的辐射强度、覆盖材料的光学特点和污染程度。据测定,新塑料膜的透光率为 $80\%\sim85\%$,被尘泥污染的旧膜透光率则常低于 40% 以下。膜面凝聚水滴,由于水滴的漫射作用,可使棚内光照减少 $10\%\sim20\%$。棚架和压膜线等都会遮光。因此,在大棚管理上为保证棚内光照条件良好,要尽可能避免和排除减弱棚内光照的因素。一是要尽量选择透光率高、保温性强、抗张力和伸长率好、抗老化、防水滴、防尘的 EVA 新膜,并经常保持清洁;二是在棚外温度允许的情况下,棚上加盖的草帘子尽量早揭晚盖,延长受光时间;三是棚内种植的薄皮甜瓜应合理密植,及时整枝打杈、打顶,防止行间、顶部和侧面郁闭,使顶部和两侧光线能畅通无阻地进入大棚,薄皮甜瓜生长后期,还应及时打掉下部老叶、病叶,以利通风透光。

(二)温度

1.温度变化的特点

大棚内气温日变化趋势与露地相同,但昼夜温差变幅大。据观察,如阳光充足,宁波地区 3 月中下旬棚内平均气温可以达到 18℃以上,最高气温可达 30～38℃,比露地高 5～15℃,最低气温 7～15℃,比露地高 5～8℃。4 月中旬到下旬,棚内平均温度在 20℃以上,最高可达 45℃左右,内外温差达 6～20℃,如不及时通风,棚内极易产生高温危害。在阴雨情况下,增温效果较差,但夜间棚内最低气温一般也要比棚外高 1～3℃。棚内地温则要比气温稳定,通常为 10～20℃。

棚内气温也有其规律,常因位置不同而异,按大棚横向分布来看,一般规律是中间高、两边低,因此,大棚中部的植株往往要比两边的植株生长来得茂盛。按大棚纵向分布来看,白天有太阳照射时,温度为顶部高、下部低,夜间、阴天则相反。

聚乙烯薄膜覆盖的大棚,在冬季或早春有微风晴朗的夜晚,棚内温度有时会出现比棚外还低的逆温现象。其原因是:夜间棚外气温由于风的扰动,棚外近地面处可从上层空气中获得热量补充,而大棚内由于覆盖物的阻挡,得不到这部分热量;冬天白天阴凉,土壤贮藏热量少,加上聚乙烯膜对长波辐射率较高,保温性略差,地面有效热辐射大、散热多,从而造成棚内温度低于棚外的现象。当出现大棚逆温现象时最好在棚面覆盖一层保温材料,防止棚温辐射散失。

2.大棚温度调控

根据塑料大棚温度变化的特点和薄皮甜瓜生长发育的规律,在薄皮甜瓜定植后主要应以覆盖保温、提高土温、促进发根,加速营养生长为管理目标。在刚定植后的 3～7 天,应密闭大棚和大棚内的小拱棚,不要通风换气,以提高土温,促进发根,促进缓苗;3～7 天后,种下的薄皮甜瓜基本缓苗,这时可酌情开始通风,以调节棚内温度。一般白天温度以不高于 32℃,夜间不低于 15℃为宜,以后随着天气变暖,逐渐增加通风量。大棚内的温度主要通过通风换气或保温、加温来进行。利用揭膜进行通风换气是降低和控制白天棚内气温最常用的方法,甜瓜不怕高温,不用遮光。通风换气要掌握早上迟揭,傍晚早盖的原则。大棚薄皮甜瓜进入盛花期后,应保持较高夜温,否则会影响人工授粉效果,并容易造成落果,不利果实肥大。

薄皮甜瓜开始采收后,气温逐渐升高,需加强通风降温,除大棚南北两头通风外,还需大棚两侧割洞通风或者把裙膜揭起通风,以利降温,白天温度控制在40℃以下。割洞(一般用45瓦的电烙铁加热割孔)的位置一般离地高50厘米,洞口直径50厘米大小,每隔2根拱杆开一个孔;当棚内温度超过40℃以上时,大棚两侧要割膜开窗通风,防止气温过高;当中午棚温过高时,突然开棚降温就会导致瓜蔓失水萎蔫死亡;如气温降低,可用透明胶将洞口补上,提高夜间温度,以利薄皮甜瓜膨大。

(三)湿度

1.大棚空气湿度的变化规律

大棚塑料膜封闭性很强,棚内空气与外界空气不能顺利交换,土壤蒸发和叶面蒸腾的水汽难以散发。因此,大棚内经常处于高湿度的状态。白天,大棚通风时,棚内空气相对湿度一般都高达70%~80%;阴雨天或灌水后可达90%以上。温度升高,空气相对湿度下降;温度降低,空气湿度增高,湿度会经常随着温度的升降而变化,因此大棚内的湿度,夜间经常会达到100%。棚内湿空气遇冷后凝结成水膜或水滴附着于薄膜内表面或薄皮甜瓜植株上。

2.大棚内空气湿度的调控

大棚内空气湿度过大,不仅直接影响薄皮甜瓜的光合作用和对矿质营养的吸收,而且还有利于病菌孢子的发芽和侵染。因此,要进行通风换气,促进棚内高湿空气与外界低湿空气相交换,有效地降低棚内的相对湿度。棚内地热线加温,也可降低相对湿度。采用膜下滴灌技术灌溉,减少土壤水分蒸发,都可以大幅度降低棚内空气湿度。在浙江沿海一带,还应注意东南风较大时要及时关棚门,防止暖湿空气吹入棚,引发白粉病。

在生产上可以通过"二看"来调节大棚内的空气湿度:一是"看天",晴暖白天通过适当晚关棚或在沟行间铺草来降低地面蒸发;阴雨天则通过关闭大棚,减少灌水次数来降低棚内湿度;二是"看地",薄皮甜瓜定植缓苗后,如地不干,一般不用浇水;若过干时,则顺沟灌一次或浇一次小水,此后就一直保持地面干干湿湿,节制灌水,大部分薄皮甜瓜喜欢干燥土壤,当土壤过干时采用膜下滴管"肥水同灌",选用挪威产复合肥每亩 15 千克,浸透一昼夜使用,以免堵塞滴孔,既省工、节水、高效,又不会导致棚内湿度过大。

正确覆盖大棚膜,以印字面向外,反之就会导致棚内水汽凝结成水珠,滴到甜瓜上造成伤害。

(四)棚内空气成分

大棚薄膜覆盖,棚内空气流动和交换受到限制,在薄皮甜瓜生长茂盛的情况下,棚内空气中的二氧化碳浓度变化很剧烈。早上日出之前由于作物呼吸和土壤释放,棚内二氧化碳浓度比棚外浓度高 2~3 倍(330 毫克/立方米左右);8:00~9:00 时以后,随着叶片光合作用的增强,可降至 100 毫克/立方米以下。因此,日出后就要酌情进行通风换气,如有条件进行人工二氧化碳施肥,及时补充棚内二氧化碳,在冬春季光照弱、温度低的情况下,增产效果十分显著。

同时,在低温季节,由于大棚经常密闭保温,很容易积累有毒气体,如氨气、二氧化氮、二氧化硫、乙烯等造成危害。当大棚内氨气达 5 毫克/立方米时,植株叶片先端会产生水浸状斑点,继而变黑枯死;当二氧化氮达 2.5~3 毫克/立方米时,叶片发生不规则的绿白色斑点,严重时除叶脉外,全叶都被漂白。氨气和二氧化氮的产生,主要是由于氮肥使用不当所致。薄膜老化(塑料管)也会释放出乙烯,引起植株早衰。

为了防止棚内有害气体的积累,不能使用新鲜厩肥作基肥,也不能用尚未腐熟的粪肥作追肥;严禁使用碳酸氢铵、尿素作追肥,肥料用量要适当,不能施用过量;低温季节也要适当通风,以便排除有害气体。

（五）土壤盐渍化

连续多年进行大棚栽培，土壤容易出现盐渍化的现象。这是由于大棚长期覆盖，缺少雨水淋洗，地下盐分由于蒸腾作用随地下水由下向上移动，在地表积累，另外长期使用化肥，有效成分被作物吸收利用，盐基残留在耕作层，导致耕作层土壤盐分过量积累造成盐渍化。要防止盐渍化。一要注意适当深耕，以有机肥为主，减少使用化肥。二要掌握追肥宜淡，最好进行测土配方施肥。三要做到每年夏秋季揭膜，或在夏天只盖遮阳网进行遮阳栽培，使土壤得到雨水的淋洗。土壤盐渍化严重时，可采用灌水压盐、水旱轮作进行改良，效果很好。另外，采用无土栽培技术也是防止土壤盐渍化的一项根本措施。

二、薄皮甜瓜大棚栽培的田间管理

（一）栽培模式

现在常用的有爬地式栽培和搭架栽培两种栽培模式。爬地式栽培即是将薄皮甜瓜藤蔓沿地面铺放，任其生长、开花结果的一种栽培方法，通常都采用双膜或三膜或三膜一帘覆盖，现在在生产上应用较为普遍。种植成本较轻，果型大，有阴阳面，适合大众化的甜瓜生产。

搭架栽培是指使薄皮甜瓜蔓沿着支架生长的一种栽培方式。立架栽培可以有效地提高土地利用率和空间利用率，增加密度，改善透光条件，提高产量，改善果形和商品性。但种植成本较高，种植技术要求高，果型变小，生产上较少采用。

由于整枝方式的不同，爬地式栽培多用双蔓、三蔓、四蔓整枝，其栽培密度较低；而搭架栽培一般多采用单蔓整枝，栽植密度较大。

（二）主要管理技术

1.爬地式栽培

（1）大棚温度管理。保护地爬地式栽培（图5-24）定植至缓

苗,以提高室内温度为主,
薄皮甜瓜苗定植后 3 天
内,要保持棚内密封环境,
以增温保湿,减少水分蒸
发,确保缓苗成活。白天要
保持 27～30℃,夜间不低
于 20℃;成活缓苗后根据
气温及时通风降温,并逐
步增加通风量,通风量应
由小到大,做到两头放风、

图 5-24 爬地栽培的薄皮甜瓜子蔓

裙边放风、由内到外一层一层揭膜放风管理,一般为昼揭夜盖小拱
棚,保持白天 25～30℃,夜间 12～18℃。结瓜前白天温度要保持
在 28～30℃,不超过 36℃不放风,夜温不低于 17～18℃。结瓜后
仍然保持较高温度,白天在 25～32℃,夜间 15～18℃,夜间最低温
度不低于 10℃,如夜温过低瓜长不大,但温度也不可太高,要保持
昼夜有一定温差,有利于雌花分化。采用小拱棚栽培要特别注意
棚内温度的控制,棚内温度最好不要超过 30℃,结果期如果遇持
续高温天气最好将棚模揭开,但高温天气过后遇雨或低温则应再
将棚膜盖好(图 5-25、图 5-26)。但如遇到东南风时要及时关棚
避风,防止疫病、白粉病发生。

图 5-25 昼揭夜盖保温

(摄于慈溪生产基地)

图 5-26 开棚通风促雌花

(摄于慈溪生产基地)

以后随气温的升高及天气情况,可逐渐增大通风口,早揭晚盖。这时白天棚内温度以 25～28℃ 为宜,并要注意防风。直到 5 月上旬,当气温上升且稳定后可将棚膜掀起固定在棚顶,以备下雨时遮盖。

长季节生产越夏栽培的前期要保温,使植株适应高温环境,确保后期顺利越夏,但过分高温干旱易引起白粉病,夏季中午温度过高时要遮阳降温,并去掉大棚裙膜,同时尽量减少整枝,保证一定的叶面积,防止高温日灼。

(2)摘心整枝。薄皮甜瓜生育过程中需整蔓摘心,以利于均衡营养生长与生殖生长,促进结果和高产优质。但既要有效又要省工。整枝方法与留果数量应结合品种习性和各地区域特点、栽培习惯而确定。操作时宜选晴天进行,不要在灌水后进行,因为阴天湿度大灌水后植株吸水量大,摘心后伤口处会分泌出大量体液,容易引起伤口感染导致蔓枯病的发生。整枝摘心原则是前紧后松,坐瓜前严格及时整枝,坐果后在未形成相互遮光的前提下,可以允许有一定数量的侧枝(蔓),以便增加光合叶面积。开始摘心不宜过早,以慈瓜 1 号为例,一般以主蔓长到 5～6 片真叶时打顶摘心为好。慈瓜 1 号进行四蔓整枝时,选留 4 根健壮子蔓;当子蔓长到畦头时再次打顶,每个子蔓留 2 个孙蔓,让 8 个孙蔓同时结果。如慈瓜 1 号薄皮甜瓜坐果就是以孙蔓为主,每条蔓上留 2～3 果。但为了抢早,也可于子蔓上留果。

(3)保果。薄皮甜瓜是异花授粉作物,无单性结实习性,无昆虫传粉不能结瓜。因此,保护地栽培必须采用人工和棚内放蜜蜂的方法来完成授粉或用激素处理。人工授粉在雌花开花时进行,方法是每天上午 8:00～10:00 时,摘下当日开放的雄花,将雄花花瓣(花冠)摘除,露出雄蕊,在雌花的柱头上轻轻碰几下即可,操作时动作要轻,防止碰伤柱头,也可用毛笔尖沾雄花,再将所沾的花粉授到雌花柱头上。用坐果灵喷洒,是在雌花开花前 1 天或当天进行,可用上海产坐果灵 1 支对水 1.5～2.5 千克喷花,或用四川产高效坐瓜灵、强力坐瓜灵对水喷洒。坐瓜灵(氯吡脲)是一种生长调节剂,能促进坐瓜,快速膨大,预防化瓜、裂瓜,增加甜度、重量,提高商品性,使用本品后无须对花授粉,坐瓜率和防裂率98％以上,预防畸形瓜、增产、增甜、着色好、提前上市。薄皮甜瓜一般在早春3月下旬就可见到雌花,但此时雄花还未出现,为此,可在雌花开放前2～3天或开雌花当天用坐瓜灵对水喷施。能起到坐果的作用。坐瓜灵喷施浓度应根据当时气温而定。一般早春季栽培的薄皮甜瓜可用10毫升坐瓜灵对水4千克后喷洒;长季节生产的因种植移栽(一般于3月中旬),这时气温适当回升,10毫升坐瓜灵对水5千克喷洒即可。施用时要掌握以下要点:①早春利用早晚时间无阳光照射情况下喷洒;②不可重复喷洒;③喷洒后的每个孙蔓

图 5 - 27　长季节栽培幼果膨大初期

图 5 - 28　长季节栽培幼果膨大中期

图 5 - 29　长季节栽培果实膨大末期

留2～3片叶打顶,确保薄皮甜瓜坐果;④5月20日后气温稳定通过25℃后停止使用。打顶持续进行,平时见瓜蔓向上昂起就要及时打顶。

（4）肥水管理。薄皮甜瓜需肥量少，肥水过多易引起徒长，不易坐瓜。长季节生产的薄皮甜瓜在5月下旬气温高土壤墒情不足情况下可采取"肥水同灌"，施三元复合肥15千克/亩，促进幼果膨大（图5-27、图5-28、图5-29）。

（5）采收。当薄皮甜瓜果实皮色转为本品种所固有的颜色后，如慈瓜1号薄皮甜瓜皮色由淡绿色条纹由嫩绿转为淡色，墨绿色条纹由深色转浅，瓜皮由多毛变成少毛时，即可组织集中采摘（图5-30、图5-31、图5-32）。为确保新鲜与水分，一般可应用食用薄膜进行封口，上市销售（图5-33）。

图5-30　长季节栽培采收成熟

图5-31　成熟瓜上市销售

图5-32　成熟瓜

（摄于慈溪生产基地）

图5-33　成熟瓜简单包装

（摄于慈溪生产基地）

2.搭架栽培

搭架栽培薄皮甜瓜目前在西北、东北及江苏、福建等地得到了较为普遍的的推广，是当地一种主要栽培模式，但在浙江宁波一带，目前则大多主张以爬地式栽培为主。

搭架栽培要做到"五个要"：

第一，要平畦密植。畦宽 1～1.2 米，株距有 30 厘米、40 厘米、50 厘米、60 厘米不等，少的每亩栽 800～1 200 株，多的高达 2 300株。由于立架栽培多采用单蔓整枝，种植密度过低不可能获得较高产量。

第二，要搭架绑蔓。搭架栽培多用竹竿插成直立式棚架，架高 1.7～2 米，先插立竿，立竿应稍粗一些，再绑 3～4 道横细竿，每畦两行立竿，棚架间再加绑连接竿以便固定。小架栽培多用秸秆类作架材，插成三角形，架高 83～100 厘米，架顶每 3 根立杆绑扎一起。一般均留双蔓整枝，主蔓长 50～70 厘米时开始引蔓上架绑第 1 道。绑蔓多用塑料绳，架形较高的棚架多行直线上引绑蔓，一般每根茎蔓绑 4～5 道；架形较低的棚架则用曲折绑蔓法，绑蔓道数要多得多。果实坐稳后一般就不再绑蔓，但幼瓜上下两道均应绑牢。三角小架一般只将主蔓环绕三角架螺旋形上引绑蔓，而侧蔓常顺次压在架下地面进行匍匐生长。也有采用主蔓上架侧蔓下架方法。

第三，要吊瓜落地。棚架栽培的果实长至 0.5～1 千克时，就应吊瓜，吊瓜的方法参见大棚栽培。搭架栽培的果实长到 0.5～1 千克时就应将果实松绑，小心轻放落在地面上方 5 厘米左右为度，再重新绑蔓，使之随着果实逐渐膨大增重而自然下落地面。

第四，要加强肥水管理。由于搭架栽培的密度大，产量高，需肥需水量比较大，因此，在栽培过程中必须相应增肥增水，才能满足其正常生育需要。

第五，要及时整枝去杈，剪除基部老叶，以改善通风透光条件，控制病害蔓延。

保护地立架栽培一般多采取以下操作规范：行距 100 厘米，株距 25 厘米，单蔓整枝，当主蔓长出 6～7 片叶时，每株用一根绳固定在上面的铁丝上，下绑 10 厘米长木棍插入地下，将绳拉紧，把瓜蔓缠绕在绳上（与温室黄瓜吊蔓相同）。先将主蔓 1～3 节着生的子蔓摘掉,主蔓4~8节着生的子蔓作为结果枝,留2叶及早摘尖,结瓜后选留瓜柄粗、瓜形正的果实3~4个。主蔓其余各节着生的子蔓尽早抹掉。主蔓大约21~25节(需要根据棚高和品种不同进行调整)时达到棚顶时打尖,主蔓顶部留3~4个子蔓作为二次结果枝,也留2叶摘尖,留果2~3个。每株上下两茬瓜,共结瓜6~7个。此法栽培密度大、产量高。

天津市静海、武清等蔬菜产区则是这样操作的:

(一)定植

3月下旬,选晴天上午进行定植。可采取沟栽或穴栽的方式,沟栽行距60~65厘米,沟深15厘米,株距45~50厘米,密度为2 000~2 500株/亩,顺沟浇小水,覆土。穴栽按株行距挖穴,浇水,放苗,封土,高畦穴栽提前1~2天在穴内坐水。

(二)定植后的管理

1.温度管理

定植后前期保温促缓苗,白天气温28~30℃,夜间气温不低于20℃,缓苗期至果实膨大前白天温度28~30℃,夜间气温18~20℃,开花期白天30℃,夜间16℃以上,膨果期白天气温28~32℃,夜间气温18~22℃。

2.肥水管理

定植后7~10天浇1次缓苗水,水量适当小些;在坐果前基本不旱不浇水,当幼瓜长至鸡蛋大时,要进行浇水施肥,每亩施复合肥30千克、硫酸钾15千克,浇水量要适当,不能大水漫灌,果实膨大期,晴天浇水,忌浇大水,采收前10~15天控制浇水。

3.植株调整

当植株蔓长20~30厘米时进行吊蔓。每株用一根绳固定在上面的铁丝上,在靠近植株根部的地面处,将10厘米长木棍插入地下,将绳的另一端绑在木棍上,拉紧,把茎蔓缠绕在绳上。甜瓜整枝方式,可根据不同品种的结瓜习性进行,孙蔓结果的可采取子蔓单蔓、子蔓双蔓、三蔓或多蔓整枝,方法是主蔓长到4叶1心时将主蔓闷尖(掐尖、打顶),主蔓长出侧枝时,选留健壮子蔓,9~14节孙蔓坐果。留果节位上留两片叶摘心,保证结果节位上部至少有 8 片叶以上。整枝要及时,一般在坐果前 2~3 天就要打一次侧枝,提高坐果率。

4.授粉

为促进坐果,需进行药物处理辅助授粉。在上午 8:00~10:00。用 20 毫升/升坐果灵药液蘸或涂抹当天开放的雌花,也可采取人工和蜜蜂授粉。

5.定瓜

当果实长到乒乓球大小时,可开始定瓜,薄皮甜瓜在 4~8 节开始留瓜,选择稍微长型且果柄粗壮的幼果留下,数量在 4~6 个为宜。

6.病虫害防治

(略)

搭架栽培虽然具有病害轻、产量高等优点,但是投资大、费工多、技术较复杂。

北京市农林科学院蔬菜研究中心王宝驹、李远新、陈春秀等在搭架栽培即保护地吊蔓栽培技术基础上开发的"一茬多瓜,优质高产栽培技术",克服了爬地栽培土地利用率低的缺点,同时又避免了一般立架栽培产量低的弱点,使薄皮甜瓜采收期大大延长,产量明显增加。经在北京市通州区的北京大运祥和科技有限公司蔬菜生产基地进行试验、示范,大面积亩产量可达到 3 500~4 000千克。

他们的经验有以下几方面。

1.选择适宜品种

选用抗病性好、易坐瓜、早春生长势强的龙甜 4 号(黑龙江省农业科学院园艺研究所选育)。

2.播种育苗

北京地区在 1 月初播种,穴盘育苗,基质采用草炭和蛭石以

3：1 的比例混合，另外每立方米基质加三元复合肥(N：P_2O_5：K_2O 为 15：15：15)1 千克混匀。育苗在日光温室内进行，苗床铺地热线。

(1)催芽。将种子置于 55～60℃水中进行烫种 10 分钟，边放种边搅拌，直到水温降至 30℃停止搅拌，再浸泡 4～6 小时。用 1‰高锰酸钾液对种子消毒 1 小时，然后将种子洗净用湿毛巾或纱布包好，在 28～30℃条件下催芽，24 小时后种子即可出芽。

(2)播种。将发芽和未发芽的种子分开播种，以便管理。将种子播在预先准备好的 50 孔或 72 孔装有基质的穴盘中，覆 0.8～1.0 厘米厚的蛭石，再覆盖 1 层白色地膜。将穴盘整齐地摆放在地热线上。最好搭建小拱棚辅助保温。

(3)苗床管理。播种后电热温床全天通电。幼苗出土后及时撤去地膜。当 70%种子出土后，停止使用电热温床，以防幼苗徒长，棚内气温白天保持 25～28℃，夜间 15℃左右。苗期根据苗床土壤墒情酌情在早晨浇水。在此期间和定植前各喷 1 次 70%甲基托布津(甲基硫菌灵)可湿性粉剂 800 倍液，以预防苗期猝倒病发生。苗龄 30 天，定植前 7 天加大通风炼苗。

3.定植

采用"一茬多瓜"法栽培的薄皮甜瓜全生育期要比常规栽培方式延长 60～70 天，所以要求必须多施底肥。在种植带上挖深 30 厘米、宽 60 厘米的施肥沟，进行集中沟施。每亩施腐熟的猪、羊粪各半的有机肥 5 000～8 000 千克(若使用烘干鸡粪，用量应在 2 500 千克左右)，再加复合肥 30 千克。施肥沟中心间距 140 厘米，在沟上起宽 80 厘米、高 15 厘米的双驼峰高垄，垄顶间距 60 厘米(用于栽苗)，小垄沟深 10～12 厘米(用于浇水)。待苗长至 3 片叶时定植在垄顶，株距 40 厘米，小行距 60 厘米，大行距 80 厘米，每亩栽 2 000～2 200 株。栽后小垄沟浇足定植水，后覆地膜。

4.田间管理

(1)温度管理。定植后 1 周内若棚温低于 35℃可以不通风；

夜间加强保温,使室温保持在 15～20℃。缓苗后至坐瓜前,白天 25～30℃,夜间 15～20℃。坐瓜后白天 28～30℃,夜间 15～18℃。温度过高或过低都不利于坐瓜,并且容易导致畸形瓜。

(2)浇水追肥。甜瓜缓苗后在小垄沟浇 1 次缓苗水,开花前 4～5 天小垄沟再浇 1 次透水。幼瓜鸡蛋大小时土温较高,可浇 1 次大水(膨瓜水),结合浇水可冲施复合肥 20 千克。在多次留瓜期间,一般 10 天左右浇 1 次水,隔 1 水施 1 次肥。每一茬瓜采收前 7～10 天都不能浇水,否则会影响瓜的品质。留第 2 茬和第 3 茬瓜以后,随着外界温度升高,间隔 5～7 天浇 1 次水。

(3)留瓜方式。在瓜行上方 1.8 米处拉铁丝,植株基部外侧托一塑料绳,绑于铁丝上,每株 1 根。甜瓜采取单蔓整枝,子蔓结瓜,多批留瓜的栽培方法。具体方法是:当甜瓜 5 叶以后吊蔓,摘除第 3 节位以下的子蔓,在主复 3、4、5 节位分别留一条侧蔓,且各留 1 个瓜。瓜前留 1 叶摘心。这批瓜一定要留,不仅可以控制植株营养生长过旺,也可以使瓜提早上市。待第 1 批瓜停止膨大后,主蔓第 12、13 节位左右再留 3 条子蔓,每条子蔓留 1 个瓜,瓜前留 1 叶摘心。第 1 批瓜采收后立即浇水施肥,当第 2 批瓜不再膨大后,主蔓上再留 3 条子蔓,此时的留瓜节位应该在主蔓第 19、20 节位左右,每条子蔓再留 1 个瓜,第 2 批瓜采收后再进行浇水施肥,保证第 3 批瓜的营养供应。第 3 批瓜坐住之后,主蔓再留 6 片叶摘心,并在主蔓顶部 2～3 叶内选留 1 条子蔓让其生长。由于分期分批留瓜,主蔓节位较多,一般主蔓长到 1.7 米时需要落秧,每次落 40～50 厘米。

(4)人工辅助授粉。上午 8:00～10:00 摘取雄花,轻轻涂抹雌蕊柱头,不要碰伤柱头。用激素处理可以提高坐瓜率,但会对瓜的品质稍有影响,可酌情使用。

5.病虫害防治

薄皮甜瓜抗病性较差,常见的病害有枯萎病、霜霉病、细菌性角斑病、白粉病等。要按照规定要求,及时防治。

第六章　薄皮甜瓜露地栽培

第一节　露地薄皮甜瓜栽培的技术要点

一、选择适宜品种

薄皮甜瓜露地栽培与设施栽培一样,同样要注意品种选择。品种选择时要"三看":一看外观、品质和市场;二看丰产性、适应性和抗逆性;三看对生长环境和管理水平的要求。

适宜露地栽培的薄皮甜瓜必须选择抗逆性强的品种,这是露地栽培薄皮甜瓜的首要条件,一定要抗病、抗旱、抗热、抗低温。同时适应性要好,对环境条件、肥料、灌溉要求不高。

薄皮甜瓜货架期短,不能长途运输,只能在当地销售,因此,所选品种必须适合当地人消费习惯及口味。

只有选好适宜品种,才能取得好收成。

二、确定适宜的播种期与定植期

薄皮甜瓜露地播种期要在确定好露地定植期的基础上才能确定。甜瓜喜温耐热,栽培时应根据其品种特性、生育时期及当地气候条件来确定适宜的定植期,所谓适宜,即是要以定植时不受冻,采收期无高温、高湿等灾害性天气为原则。因此,露地直播播种期一般可安排在晚霜期过后 10 厘米地温稳定在 15℃ 以上时播种;苗龄 25～30 天,有真叶 3 叶 1 心至 4 叶 1 心时定植为好。如采用地膜覆盖,可提早 3～5 天直播或定植。

江浙一带,露地种植薄皮甜瓜多于 3 月中下旬播种育苗,苗龄 25～30 天,4 月中下旬定植大田;亦可于 4 月份采用穴盘直播。

三、选择适宜的栽种土壤与茬口

宜选地势较高，排水良好的肥沃砂壤土，还要求与瓜类蔬菜有4～5年轮作周期。

稻麦两熟地区，薄皮甜瓜可套作在大麦、小麦行间，在实行菜稻或菜稻稻农作制度的地区，薄皮甜瓜也可与蚕豆、油菜、雪菜或蒿菜套种，薄皮甜瓜采收完毕栽晚稻；在丘陵旱作区，薄皮甜瓜可与花生、早春玉米套种，后作安排夏绿豆、毛豆或胡萝卜；在棉麻生产区实行合理间作；如在季节性蔬菜产区，薄皮甜瓜可与越冬蔬菜套作，即在蒜苗、莴苣、春甘蓝地留出瓜垄，后茬为萝卜和大白菜。

四、整地作畦、施足基肥

薄皮甜瓜地要求深耕，翻地深度20～40厘米，瓜垄10～15厘米，表土层的耕作要求疏松透气，整平整细。作畦形式主要根据茬口、地势、地形、土质和栽培习惯来决定。畦的大小、长度应考虑排灌方便，也要便于田间操作管理。在冬闲田块，按1.5～2米行距（含沟0.5米）作畦，畦面中央留瓜垄，垄宽60厘米，畦的长度20～30米，不宜太长。在麦田套种的田块，麦幅宽2～4米，在播麦前按瓜行距离留出瓜垄，瓜垄可在畦边，也可在畦面中央留2条瓜垄。

露地栽培薄皮甜瓜，要求施足基肥，施肥品种以优质有机肥、常用化肥、复合肥等为主，忌用含氯肥料；在中等肥力条件下，结合整地每亩施优质有机肥（以优质腐熟猪厩肥为例）亩施腐熟厩肥3 000～4 000千克或商品纯有机肥400～500千克，过磷酸钙30～40千克。有条件的推荐施用复合微生物肥料400～500千克，三元复合肥30千克。

五、地膜覆盖

定植前7～10天覆盖地膜。地膜覆盖是露地栽培的关键措施。所谓地膜覆盖栽培就是在栽培畦面覆盖一层厚度仅0.015毫米的塑料薄膜（统称地膜）的栽培方式。由于地膜覆盖能改善薄皮甜瓜根系的生长条件，因而可以提早生育期，提早开花结果，早熟增收效应显著。

地膜覆盖有以下优点。

1.提高土温

据测定,早春盖膜地块耕层土温可比露地增高2～4℃,在宁波慈溪,据测定:3月下旬10厘米地温的增温值达4.1℃,4月上旬达5.9℃,4月中旬达7℃。

2.保墒防渍

据测定,在一般条件下,覆膜后土壤含水量可提高2%～4%,地膜覆盖瓜田可节约用水22%～87%。同时地膜具有防雨淋的作用,使雨水顺地膜表面流入畦沟而排出。

3.改善土壤结构

地膜覆盖能保持土表的疏松,增加土壤孔隙度,从而改善了根系的通气条件,有利于土壤微生物的活动和养分转化,这对南方早春低温多雨地区尤为重要。

4.减少病虫草害

据调查,地膜覆盖防除杂草效果可达90%以上,同时地膜覆盖对于薄皮甜瓜的土传病害有一定减缓作用,还可减少蚜虫及黄守瓜的为害。

5.促进植株发育,早熟增产

地膜覆盖后,可比露地栽培提早10～15天播种,可提早10天左右成熟,产量增加40%～70%。

地膜种类很多,性能也各不相同。选用地膜时,应从薄皮甜瓜生育特性和当地自然条件综合考虑。无色透明膜是当前我国甜瓜生产中普通应用的一种地膜,高温多湿和土壤板结的地区可选用此膜;温度较高,杂草较多的地区可选用黑色膜、黑白双面膜;蚜虫和病毒病为害较重的地区可选用银灰双色膜。

地膜覆盖的方式与畦式、间作套种有关。南方多雨地区多采用高畦栽培,畦的形式主要是窄畦单行。地膜覆盖的方式有以下几种:①双幅地膜覆盖。在种植行上覆盖1.4～1.8米宽的双幅地膜,覆盖面积大,增温、保水或防雨效果好,但地膜的用量多,整地、覆膜用工也多,成本较高,只适于白地种植,而且植株不易固定;②单幅地膜覆盖。在种植行上,覆宽70～80厘米的单幅地膜,在植株的两侧各覆盖35～40厘米宽的膜,增温效果虽不及双幅,但较窄幅能提高温度1℃左右。瓜苗生长前期基本处于覆盖条件下,效果较好,而地膜用量可节省一半,每亩只需4～5千克,后期不影响施肥和灌水,既经济,效果又好的一种覆盖形式;③窄幅地膜覆盖。在种植行上覆盖35～40厘米宽的半幅地膜,覆盖面积更小,增温保墒效果较差。但对保持根际土壤的疏松,提高土温,促进幼苗根系生长仍有一定的作用,每亩只需地膜2～3千克,成本更低;④天膜覆盖。利用杨柳树枝、竹条等弯成弓形,在畦面上顺瓜行插成半圆形支架,上盖地膜,成小拱棚状。采用这种形式一般终霜过后10～15天,瓜苗长到小拱棚容纳不下时,应撤掉支架,将地膜平铺在畦面上成为普通覆盖。

进行地膜覆盖栽培,在栽培技术上与非地膜覆盖栽培是有区别的,应妥善安排好茬口,缩短与前作的共生期;要尽可能选择早熟品种,发挥早熟效应;要改进基肥施用方法,防止后期缺肥早衰,影响增产效果。

地膜覆盖改善了根系的生长条件,但对气温的影响不大,也不可能提前大田的定植时期。因此,只有在培育好壮龄大苗的基础上,才能更好地发挥地膜的早熟作用。因此,定植的薄皮甜瓜苗龄不宜太小,一般以培育30～35天、具有3～4片真叶的壮苗为好。

此外,地膜覆盖时,一定要注意覆盖质量,畦面覆盖的土壤要整平,耧细、无大土块,膜要铺得平、贴得紧,四周和种植孔要压严实,以利于提高土壤温度,防止膜下湿热水汽从种植孔流出,伤害瓜根,同时防除杂草。

六、直播与育苗移栽

薄皮甜瓜露地栽培多用直播或育苗移栽。

(一)直播

直播时要注意以下几点:

(1)薄皮甜瓜种子小,千粒重15克左右。要掌握好播种量,播种密度不能过大,否则要多次间苗,费时费工。

(2)薄皮甜瓜种子小,种皮薄,温汤浸种要掌握好温度和浸种时间。55℃温水浸种10分钟后,待水缓慢冷却,约1小时就可将种子捞起,淋去多余水分,可以播湿种,也可催芽后播种。

(3)用催过芽的种子直播,必须浇足底水。每穴平放芽长0.2厘米的种子3~4粒,种子散开,然后盖细土。

(4)若无地膜覆盖,播种穴可浅些(约2~3厘米),播种后覆土要厚些(3~4厘米),形成小土墩。种子萌芽土面出现裂纹时,轻轻刮去土墩,保持1厘米厚将胚芽盖住,1~2天幼苗顺利出土。这种浅播种、深盖土的方法既可增高土温,又可保持土壤水分。

(二)育苗移栽

育苗移栽与设施栽培相同,育苗分常规育苗法和嫁接育苗法。常规育苗法适宜新地块,病害轻,不易死苗。反季节栽培、生育期的夏秋季也可用育苗移栽法;嫁接育苗法适宜重茬地、长季节生产,能有效地防止枯萎病等重茬病害的发生,其嫁接的砧木一般为白籽南瓜。

育苗与移栽技术参阅第五章。

七、定植

当苗龄25~30天,有3~4片真叶时即可定植。采用二水定植法,即按株距40~45厘米,开定植穴,穴深8~10厘米。每穴先灌一遍水,水渗后再灌水,随灌水,随栽苗,随覆土。水渗后覆土,将膜口对好用土压严,南方温暖多雨,土壤潮湿,只要种植后浇透定根水既可。而且茎叶生长繁茂,因此种植密度要适宜,过大会影响通风透光,引起病害或烂瓜。种植密度因品种、栽培方式不同而异,一般掌握双蔓整枝的亩栽600~900株,多蔓整枝的亩栽500~700株。行距因种植方式不同而异。常用的栽植方式如下:

(1)单株单栽。行距2米(含沟0.5米),按株距30厘米开穴,每穴1株。每亩约1 000株。

（2）双株条栽。行距 2 米（含沟 0.5 米），穴距 50～60 厘米，每穴留 2 株。每亩 1 000～1 200 株。

（3）墩栽。这是一种传统的栽培方式。按 2 米×1.5 米的距离集中施肥翻地做成土墩，墩上耙平开穴，每穴留 4 苗。瓜蔓成放射形向外空地伸延，每亩约 880 株。

如用嫁接苗，种植时，其切口不能离地面太近，更不能埋入土中，否则失去嫁接的意义。

八、整枝

薄皮甜瓜以子蔓和孙蔓结果为主，宜采用双蔓整枝或多蔓整枝方法。双蔓整枝适用于子蔓结果的品种，在幼苗 4～5 片真叶时摘心，选留两条健壮的子蔓生长，子蔓 8～12 片叶时进行子蔓摘心，选子蔓中上部发生的孙蔓留果，早春喷施坐果灵时摘心；多蔓整枝适用于孙蔓结果品种，在幼苗 4～6 叶时摘心，选留 4～5 个侧蔓，侧蔓 6～8 叶时摘心，促进孙蔓生长结果。

九、肥水管理

（一）追肥

甜瓜连续结瓜能力强，对肥料需求较多，且持续时间长，因此需要追肥。开花坐果后，视植株长势适当追肥，每亩用复合肥10～15 千克，在行间开沟施入。生长期还可叶面喷施 0.2%～0.4%磷酸二氢钾，作根外追肥。

（二）水分管理

主要抓好四水：

一是定植水，一般要浇穴，水量不宜过大，否则会降低地温，且易烂根。

二是缓苗水，定植后 5～6 天，轻浇 1 水，促进根系生长，利于缓苗。

三是催蔓水，在追肥的第一个时期，随追肥一起进行。

四是膨瓜水，在果实旺盛生长时期，需水量大，应加强灌水，满足果实发育的需要。在果实进入成熟阶段后，主要进行内部养分的转化,对水肥要求不严。采收前 1 周停止浇水,否则会降低果实的品质,并推迟成熟期。

甜瓜的地下部分要求有足够的土壤湿度,苗期到坐瓜期应保持最大持水量的 70%,结果前期和中期保持 80%~85%,成熟期保持 55%~60%。甜瓜地上部分要求较低的空气湿度,相对湿度以 50%~60%为宜。若长期 70%以上,则易发病害。因此,栽培上要求地膜覆盖,膜下滴灌。

十、采收

薄皮甜瓜采收季节经常有雨,若不及时采收会出现裂果、烂果或倒瓤。但采收过早,含糖不高。适宜的采收期应注意把握以下几点:

(1)计算成熟天数。一般小果型早熟种约 24 天,中熟种 25~27 天,晚熟种 30 天左右。

(2)果色转变。薄皮甜瓜品种皮色艳丽多彩,成熟时果实皮色有明显转变,比西瓜容易判断。如梨瓜类型幼果绿色,成熟转乳白或淡绿色(蒂部);黄金瓜类型幼果色淡绿,成熟转金黄。

(3)一些品种成熟时蒂部出现环状裂痕。

(4)脐部散发出香味。薄皮甜瓜皮薄易碰伤,果实肉薄,瓤大汁多易倒瓤,不耐贮远,采收和销售过程都要注意轻拿轻放。采摘时用剪刀,最好在上午露水稍干后下田采收,避免在烈日下暴晒,且要在 1~2 天内销售,以保持新鲜的品质。

浙江宁波地区一般薄皮甜瓜从雌花开花到果实成熟需25~30天,早熟品种 6 月中下旬开始采收,中熟品种 7 月上旬开始采收,可陆续采收至 8 月。

第二节　薄皮甜瓜露地高产栽培案例

嵊州三界镇农业技术综合服务站、嵊州市三界镇人民政府、浙江飞翼生态有限公司、嵊州市蔬菜科学研究所对中国台湾薄皮甜瓜银娘进行了露地栽培的生产与推广取得成功。露地薄皮甜瓜亩产量 1 500～2 500 千克。

银娘优质薄皮甜瓜是最新的美浓改良一代杂交品种,银娘植株生长势强,抗逆性较强,耐热、耐湿、早熟,坐果率极高,果型高梨圆,白底黄晕,光滑,肉浅绿白,单瓜重 0.4 千克左右,大小整齐,商品性好,肉厚 2.1 厘米左右,糖度稳定在 15%～18%,肉质细脆、酥爽、可口,清新飘香,耐储藏。生育期春作 80～90 天,夏秋作65～75 天,开花至采收 30～32 天。该品种适用于早春季大棚设施棚架栽培、也适用于露地地膜栽培。露地地膜栽培 3 月中旬播种,4 月 10 日左右定植;露地栽培 3 月下旬至 7 月上旬播种,4 月20 日左右至 7 月中旬定植,6 月下旬至 9 月下旬成熟。

露地地膜覆盖或露地栽培定植时苗龄 20～25 天,具有 2～3片真叶。露地地膜栽培随整株方式不同适当增减密度,如用双蔓整株留苗 900 株/亩左右,多蔓整株留苗 700 株/亩左右。定植后浇缓苗水,采用小拱棚栽培的要及时盖好薄膜,以提高气温和地温,并保持较高的气温,以利发根缓苗。

露地地膜覆盖或露地栽培定植后管理措施主要有:

1.温度管理

露地地膜覆盖栽培采取保温措施,缓苗期白天温度控制33℃,不超过 35℃,夜间不低于 20℃,其余白天 25～30℃,夜间不低于 15℃。

2.肥水管理

浇足定植水,轻浇缓苗水,保证开花授粉时不浇水,及时浇膨瓜水,及时通风排湿。即定植水要浇足,缓苗水要适量,缓苗至开花前一般不浇水,开花后至采瓜前 7～10 天小水勤浇,灌水量一般以第 2 天 6:00 左右植株叶片不吐露为宜。施肥在施足基肥的基础上在伸蔓期施 1 次速效肥,适当配施磷钾肥,待瓜长至鸡蛋大小时,浇水追施膨瓜肥(亩施复合肥 20 千克),以后根据果实的发育情况每隔 7～10 天追施一次水肥,如沼液等或喷施 0.3%磷酸二氢钾液 2～3 次,促进植株的生长和果实的发育。采收前 7～10 天停止浇水,以提高糖度。

3.整枝摘心

露地及保护地多蔓整枝主要方法是:主蔓 4 叶 1 心至 5 叶 1 心时摘心,每株留 3～4 条健壮的子蔓,留 3 蔓的第 1 条子蔓可在第 3 张叶片处的孙蔓留 1 瓜,第 2 条子蔓可在第 2 张叶片处的孙蔓留 1 瓜,第 3 条子蔓可在第 1 张叶片处的孙蔓留 1 瓜,每个子蔓上留 3～4 个孙蔓,每个孙蔓上留 2～3 张叶片摘心,全株留瓜 3 个。留 4 蔓的第 1 条子蔓可在第 4 张叶片处留 1 瓜,后依次类推每个子蔓上留 3～4 个孙蔓,每个孙蔓上留 2～3 张叶片后摘心,全株留瓜 4 个。全株有叶片 50 多片,平均每个瓜有 17～20 片功能叶,可促进果实正常生长发育。注意整株应选择晴天露水蒸发后进行,以利伤口尽快愈合,防止感染。

整枝用剪刀,并且准备一块有 75％百菌清 200 倍液等药剂的湿润药巾,剪完一株擦一次剪刀,以防交叉感染。

4.果实管理

银娘是二性花,一般不用辅助授粉,但早春栽培坐果率相对较差,为了促进坐果每天 8：00～10：00 可用毛笔轻刷开放的花辅助授粉。当果实长到鸡蛋大小时,选择果型周正、果柄粗长的幼瓜留下,其余的疏掉,一般疏果后每株按规定留瓜,最上 1 个瓜留 2～3 片叶摘心。

5.采收

成熟瓜在花痕处发出微微的清香,瓜色转黄,瓜表皮有褪毛现象。在瓜九成熟时采收风味最好。

银娘甜瓜病虫害主要有猝倒病、白粉病、霜霉病、蚜虫、烟粉虱等,针对甜瓜生长各时期病虫害发生规律,预防为主、防治结合。

第七章　薄皮甜瓜病虫草害及其防治

薄皮甜瓜病虫草害很多,苗期病害主要有猝倒病、立枯病、枯萎病、炭疽病;生长中后期的病害主要有白粉病、炭疽病、枯萎病、蔓枯病、霜霉病、疫病、叶枯病、病毒病等;虫害主要有瓜绢螟、烟粉虱、瓜蚜、蓟马、红蜘蛛、金龟子(蛴螬)、蝼蛄和地老虎等;草害主要有马齿苋、繁缕、牛筋草、刺儿菜、醴肠、马唐、狗尾草、苍耳、空心莲子草等。棚室内或大田发生病、虫、草害后,首先要进行正确诊断,然后按照"预防为主,综合防治"的植保方针,根据不同的病虫草害发生规律及为害特点,以农业防治为基础,协同应用生物、物理、化学等综合防治措施,把病虫草害的危害降到最低程度。

第一节　主要病害及防治

一、猝倒病

猝倒病(图 7-1)主要发生在苗床,受害幼苗突然倒伏死亡,是薄皮甜瓜苗期主要病害之一。

1.症状

苗床开始只见个别苗发病,受害苗在根茎部呈暗绿色水浸状病斑,接着病部变黄褐色而干枯收缩,子叶未凋萎,幼苗即猝倒。病害发展很快,几天

图 7-1　甜瓜幼苗猝倒病

后,即以病株为中心蔓延至邻近植株,引起成片猝倒。有时幼苗外观与健苗无异,但接地面处倒伏,明显缢缩。有时幼苗尚未出土,胚茎和子叶已普遍腐败、变褐而死亡。在高温多湿时,寄主病残体表面及其附近的土壤上,会长出一层白色棉絮状的菌丝。

2.病原

由真菌鞭毛菌亚门腐霉属瓜果腐霉侵害引起。

3.发病规律

病菌的腐生性很强,以卵孢子在土壤中越冬,可在土壤中长期存活,特别在富含有机质的土壤中存在较多,病菌借助雨水、灌溉水传播。土温低于15℃时土壤湿度高,光照不足,幼苗长势弱时发病迅速。幼苗子叶中养分快耗尽而新根尚未扎实之前,幼苗营养供应紧张,抗病力最弱,如果此时遇寒流或连续低温阴雨(雪)天气,易突发甜瓜猝倒病。甜瓜猝倒病多在幼苗长出1~2片真叶前发生,3片真叶后发病较少。

土壤湿度大、土壤温度在10~15℃时,病菌繁殖最快,30℃以上则受到抑制。在早春育苗时,往往因土温低,相对湿度大,通风不良等综合的环境条件,引起猝倒病的严重发生。

4.防治方法

(1)床土消毒。40%拌种双可湿性粉剂300倍液浇土或每平方米的苗床施用68%精甲霜灵·锰锌可湿性粉剂8~10克或40%拌种双可湿性粉剂6~8克或25%甲霜灵可湿性粉剂9克加70%代森锰锌可湿性粉剂1克,拌3~5千克的细干土制成药土。施药前先把苗床底水打好,一次浇透,水下渗后先将1/3的药土撒施在苗床畦面上,播种后把剩余的2/3药土覆盖在种子上。

(2)农业措施。配制营养土所用有机肥要充分腐熟,土与肥要混匀。床温控制在20~30℃,地温保持在16℃以上,防止出现10℃以下的低温和高湿环境。缺水时可在晴天喷少许水,切忌大水漫灌。

(3)药剂防治。发现甜瓜猝倒病病苗立即拔除,并喷洒72.2%

霜霉威水剂 600～800 倍液,或 80％代森锰锌可湿性粉剂 600 倍液,或 68％精甲霜灵·锰锌可湿性粉剂 600 倍液等药剂,每平方米苗床用配好的药液 2～3 升,每 7～10 天喷 1 次,连续 2～3 次。喷药后及时通风透气。甜瓜猝倒病发病初期,可按每平方米苗床用 4 克敌磺钠粉剂,加 10 千克细土混匀,撒于床面。

二、立枯病

立枯病(图 7－2)是薄皮甜瓜苗期主要病害之一,在育苗期常与猝倒病相伴发生,该病害造成的幼苗死亡占幼苗死亡总数的 10％左右。

1.症状

出苗前感病,会导致烂种和烂芽;幼苗出土后,

图 7－2 立枯病

染病株初在茎部出现椭圆形或不整形暗褐色病斑,逐渐向里凹陷,边缘较明显,扩展后绕茎一周,致茎部萎缩干枯,后瓜苗死亡,但不折倒。根部染病多在近地表根茎处,皮层变褐色或腐烂。成株期染病主要为害果实和近成熟果实,初在靠近土面处果实上发病,产生不规则形褐斑。该病在高湿条件下产生淡褐色蛛丝状霉,而不是白色絮状物,是区别于猝倒病的重要特征。

2.病原

由真菌半知菌亚门丝核菌属立枯丝核菌侵染引起。

3.发病规律

立枯丝核菌是土壤习居菌,腐生性较强。病菌以菌丝和菌核在土中或在发病组织上随病残体越冬。翌年以菌丝侵入寄主,形成初次侵染,随病土、带菌肥料和浇水传播,引起再侵染。地温 10～28℃均可侵染发病,以 16～20℃为最适。土壤过干过湿,砂土地或幼苗徒长、温度不适等均有利于发病。长江流域几乎全年

都可发病。

立枯病的发生与气候条件、耕作栽培技术、土壤、种子质量等密切相关。病菌在土壤 pH 值 3.4～9.2 范围内、7～38℃的温度条件下均能生长,但最适的土壤 pH 值 6.8,温度 25～28℃。立枯病菌寄主多,达 200 余种。播种后,若遇低温多雨,特别是遇寒流,常诱发烂根;如瓜种籽粒饱满,则生活力强,播种后出苗迅速,整齐而粗壮,发病轻。反之,则发病重;多年连作的瓜田,或施入未腐熟的厩肥,土壤中病菌积累多,瓜苗发病率高,病害重;播种过早或播得过深(6 厘米以上),均会使小苗延迟出土,易于侵染病菌,引起发病。地势低洼,排水不良,土壤黏重,通气性差,植株长势弱者,发病严重。覆盖地膜,湿度过大时,也会加重立枯病的发生。

4.防治方法

(1)种子处理。可用种子重量 0.3％的 45％噻菌灵悬浮剂黏附在种子表面后,再拌少量细土后播种。也可将种子湿润后用干种子重量 0.3％的 75％萎锈·福美双可湿性粉剂或 40％拌种双可湿性粉剂,或 50％甲基立枯磷可湿性粉剂或 70％恶霉灵可湿性粉剂拌种。

(2)农业防治。适期播种。施用充分腐熟的有机肥,增施过磷酸钙肥或钾肥。加强水肥管理,避免土壤过湿或过干,减少根伤,提高植株抗病力。

(3)药剂防治。发病初期选用 30％苯噻嗪乳油 1 000 倍液,或 5％井冈霉素水剂 1 000 倍液,或 45％噻菌灵悬浮剂 1 000 倍液,或 50％异菌脲可湿性粉剂 1 000 倍液喷浇茎基部,7～10 天 1 次,视病情防治 1～2 次。

三、白粉病

白粉病(图 7-3)是薄皮甜瓜常见病害,此病害一旦发生,很难控制。

1.症状

全生育期都可发生。主要为害叶片,严重时亦为害叶柄和茎蔓。叶片发病,初期叶正反面病斑圆形,较小,上生白粉状霉(病菌菌丝体、分生孢子梗和分生孢子),逐渐扩大汇合,严重时整个叶片布满白粉,变黄褐色干枯,白粉状霉转变为灰白色。最后病叶枯黄坏死。

图7-3　甜瓜白粉病

2.病原

由真菌子囊菌亚门瓜类单囊壳属的专性寄生菌单丝壳白粉菌和白粉菌属的二孢白粉菌侵染引起。

3.发病规律

薄皮甜瓜生长全程均可发病。主要为害植物叶片,也为害茎和穗子。在叶片上开始产生白色近圆形星状小粉点,而后扩大发展成圆形或椭圆形病斑,表面生有白色粉状霉层。一般情况下部叶片比上部叶片多,叶片背面比正面多。霉斑早期单独分散,后联合成一个大霉斑,甚至可以覆盖全叶,严重影响光合作用,使正常新陈代谢受到干扰,造成早衰,产量受到损失。田间湿度大,温度在16～24℃时,容易流行。植株徒长、枝叶生长过密、通风不良、光照不足、湿度过高,不易干燥的条件下,发病严重。

4.防治方法

(1)选用抗白粉病品种,合理轮作倒茬,深翻改土,培育壮苗。

(2)清洁田园。甜瓜收获后应彻底清理田园,病残体不要堆放在棚边,要集中焚烧。

(3)田间管理。采取高畦宽垄栽培,合理密植、科学整枝,以利通风透光;加强肥水管理与温湿度调控,增强植株的抗逆性。把握好科学浇水,做到小水勤灌,切忌大水漫灌;并加强通风换气,减少棚内湿度,避免病害流行。在不影响甜瓜生长的条件下,应尽可能延长通风时间。棚内理想的相对湿度,开花坐果期为 60％左右,果实膨大期为 70％左右,但最大相对湿度应控制在 80％以下。这样不仅有利于开花结果和果实膨大,同时能明显抑制病害的发生。

(4)药剂防治。发病初期及时防治,药剂可选用 50％醚菌酯干悬浮剂(翠贝)3 000 倍液,或 42.8％氟菌·肟菌酯悬浮剂(露娜森)2 500 倍液,或 29％吡萘·嘧菌酯悬浮剂(绿妃)2 500 倍液,或 50％啶酰菌胺水分散粒剂 1 500 倍液,或 30％醚菌·啶酰菌悬浮剂(翠泽)1 500～2 000 倍液,或 40％氟硅唑乳油 4 000 倍液,或 10％苯醚甲环唑水分散粒剂 1 500 倍液,每隔 7～10 天喷 1 次,连续 2～3 次。薄皮甜瓜花期慎用三唑酮类药剂。

四、霜霉病

霜霉病(图 7-4、图 7-5)主要为害设施栽培的全年种植瓜类,一旦发生,往往控制不住,而且流行极快,造成瓜类中下部叶干枯,俗称“跑马干”,损失极大。

图 7-4　霜霉病初期症状　　　图 7-5　甜瓜霜霉病后期病叶

1.症状

主要为害叶片,一般多从近根部老叶开始发病,逐渐向上扩展。苗期染病,子叶上产生水渍状小斑点,后扩展成浅褐色病斑,湿度大时叶背面长出灰黑色霉层。成株染病,叶面上产生浅黄色病斑,沿叶脉扩展呈多角形,清晨叶面上有结露或吐水时,病斑呈水浸状,后期病斑变成浅褐色或黄褐色多角形斑。在连续降雨条件下,病斑迅速扩展或融合成大斑块,致叶片上卷或干枯,下部叶片全部干枯,似火烧状,有时仅剩下生长点附近几片绿叶。果实发育期进入雨季后病势扩展迅速,减产 30%～50%。

2.病原

由真菌鞭毛菌亚门古巴假霜霉菌侵染引起。

3.发病规律

气温为 16～20℃时,叶面结露有水膜,是霜霉病菌侵染的必要条件。发病时,多始于近根部的叶片,病菌经风雨或灌溉水传播。叶片有水滴或水膜时,病菌才能侵入,相对湿度高于 83% 发病迅速。对温度适应较宽,15～24℃适其发病。生产上浇水过量或浇水后遇中到大雨、地下水位高、株叶密集易发病。

4.防治方法

(1)选用抗病品种。

(2)加强栽培管理。雨后及时排水,切忌大水漫灌。合理施肥,及时整蔓,保持通风透光。

(3)药剂防治。发病初期选用 68.75% 氟菌·霜霉威悬浮剂(银法利)1 500 倍液,或 50% 嘧菌酯悬浮剂(阿米西达)1 500 倍液,或 50% 烯酰吗啉可湿性粉剂(阿克白)1 000 倍液,或 18.7% 烯酰·吡唑酯水分散粒剂(凯特)1 000 倍液等喷雾防治。施药后及时通风,遇连阴雨或湿度较大时,每个标准大棚可使用 20% 百菌清烟剂 100g 熏蒸防治。

五、枯萎病

枯萎病(图 7 - 6)又称萎蔫病、蔓割病,是典型的土传病害。枯萎病是薄皮甜瓜严重病害之一,在栽培薄皮甜瓜的地区都有发生。

1.症状

发病初期,植株叶片从基部向顶端逐渐萎蔫,中午明显,开始早晚可以恢复,几天后植株全部叶片萎蔫下垂,不再恢复;茎蔓基部稍缢缩,表皮粗糙,常有纵裂;潮湿时根茎部呈水渍状腐烂,表面常产生白色或粉红色霉状物。病株根变褐色,易拔起,皮层与木质部易剥

图 7-6 甜瓜枯萎病

离,维管束变褐色。发病高峰期在植株开花至坐果期。

2.病原

由真菌半知菌亚门尖孢镰孢甜瓜专化型侵染引起。

3.发病规律

该病以病茎、种子或病残体上的菌丝体和厚垣孢子及菌核在土壤和未腐熟的带菌有机肥中越冬,成为翌年初侵染源。在离开寄主情况下,在土中可存活 10 年以上,但在合理的轮作制度下,3~4 年后,土壤中病菌便会大大减少。

在土壤里病菌从根部伤口或根毛顶端细胞间侵入,后进入维管束,在导管内发育,并通过导管,从病茎扩展到果梗,到达果实,随果实腐烂再扩展到种子上,致种子带菌。生产上播种带菌的种子出苗后即可染病;在维管束中繁殖的大、小分生孢子堵塞导管、分泌毒素,引起寄主中毒,使瓜叶迅速萎蔫。地上部的重复侵染主要通过整枝或绑蔓引起的伤口。在薄皮甜瓜的全生育期内均可发生,以结果始期为盛发期,尤其在连作地块更加严重,常可造成全田毁灭。该病发生严重与否,主要取决于当年的侵染量。高温有利于该病的发生和扩展,空气相对湿度 90% 以上易感病。

病菌通过种子、农家肥、农具、灌溉水及风雨等传播。病菌发育和侵染适温 24~25℃,最高 34℃,最低 4℃;土温 15℃潜育期 15 天,20℃9~10 天,25~30℃4~6 天,适宜 pH 值 4.5~6。调查表明秧苗老化、连作、有机肥不腐熟、土壤过分干旱或质地黏重的酸性土是引起该病发生的主要条件。

4.防治方法

主要通过嫁接换根防治。嫁接苗对枯萎病防效达 90% 以上。

但是嫁接栽培中可能因为断根不够完全,或者嫁接口接触土壤以后,仍有个别植株发病。因此需要采取多种措施,配合嫁接栽培予以防范。

(1)实行轮作,以减轻或避免发病,旱田要求轮作 7～8 年以上,水田轮作 3～4 年以上。

(2)清洁田园,发现病株立即拔除烧毁,并于病穴处灌注 20% 石灰乳 250 毫升左右消毒。薄皮甜瓜采收结束后,清除田间茎叶,集中加以处理或烧毁。

(3)进行苗床土壤处理。选用未种过瓜类作物的田土作床土,并对床土进行消毒。详见前述。

(4)选用抗病品种,进行种子消毒。详见前述。

(5)合理施肥。注意氮、磷、钾三要素的适当配合,勿偏施氮肥。避免施用带菌的堆肥或厩肥,特别是新鲜的有机肥料。

(6)调整土壤 pH 值。酸性土壤亩施 100～150 千克生石灰,降低土壤酸度。

(7)药剂防治。发病初期药液灌根,可用 2.5% 咯菌腈可溶性液剂 1 000 倍液,或 70% 恶霉灵可湿性粉剂 1 500 倍液,或 50% 异菌脲可湿性粉剂 1 000 倍液等喷雾防治。

六、蔓枯病

蔓枯病(图 7 - 7)也叫黑腐病、斑点病,是薄皮甜瓜的常见病。全国薄皮甜瓜产区均有发生。

1.症状

蔓枯病主要为害主蔓和侧蔓。初期,在蔓节部出现浅黄绿色油渍状斑,病部常分泌赤褐色胶状物,而后变成红褐色或黑褐色块状物。后期病斑干

图 7 - 7　甜瓜蔓枯病

枯、凹陷,表面呈苍白色,易碎烂,其上生出黑色小粒点,即病菌的分生孢子器。瓜蔓显症3～4天后,病斑即环茎1周,7天后产生分生孢子器,严重的14天后病株即枯死。叶片染病,病斑多呈"V"字形,有时为近圆形至不规则形,黑褐色,有不明显的同心轮纹。果实染病,主要发生在靠近地面处,病斑圆形,大小1.5～2厘米,初亦呈水渍状病斑,中央变褐色枯死斑,呈星状开裂,引起烂瓜。

2.病原

由真菌子囊菌亚门蔓枯亚隔孢壳侵染引起。

3.发病规律

病原菌以分生孢子器及子囊壳附着于被害部及土壤中越冬,种子表面也可带菌。翌年气候条件适宜时,散出孢子,由风雨传播。病菌主要通过伤口、气孔侵入。侵入组织之后,潜育期7～10天左右。在6～35℃的温度条件下,都可侵染为害。发病的最适温度为20～30℃。在55℃条件下10分钟死亡。高温多湿、通风透光不良的田块容易发病。pH值为3.4～9时均可发病,但以pH值5.7～6.4时最易发病。缺肥、长势弱容易发病。

4.防治方法

(1)选用无病种子,播种前进行种子消毒,用55℃温水浸种15分钟,冷却后催芽播种或用50%福美双可湿性粉剂以种子重量的0.3%拌种。

(2)加强栽培管理,要选地势较高、排水良好的田块种植;做短畦、挖深沟,田间要有完善的排涝系统,注意雨后及时排水;合理施肥,重施腐熟农家肥,控施化学氮肥,注意氮、磷、钾配套施肥;发病初期发现病株及时拔除,并在病穴撒石灰消毒。

(3)药剂防治。要做到早用药,及时用药,发现中心病株应立即喷药或涂药防治。初期用70%百菌清可湿性粉剂50倍液涂茎或根部,也可选560克/升嘧菌·百菌清悬浮剂(阿米多彩)1 500～2 000倍液,或22.5%啶氧菌酯悬浮剂1 500～2 000倍液喷雾防治。

七、炭疽病

炭疽病（图 7－8）为甜瓜的常见病害，保护地、露地种植均可发生。一般病株率 10％～30％，严重时发病率达 80％以上，在一定程度上影响甜瓜生产。此病还可侵染多种其他葫芦科蔬菜。

图 7－8　甜瓜炭疽病

1.症状

叶片、茎蔓、叶柄和果实均受侵染。幼苗染病，真叶或子叶上形成近圆形黄褐至红褐色坏死斑，边缘有时有晕圈，幼茎基部常现水浸状坏死斑，成株期染病，叶片病斑因品种呈近圆形至不规则形，黄褐色，边缘水浸状，有时亦有晕圈，后期病斑易破裂。茎和叶柄染病，病斑椭圆至长圆形，稍凹陷，浅黄褐色，果实染病，初为暗绿色水渍状小点，后扩大为圆形凹陷的暗褐色病斑，凹陷处常开裂，高湿下产生粉红色黏稠物。

2.病原

病原为真菌半知菌亚门瓜类炭疽菌侵染引起。

3.发病规律

病菌主要以菌丝体和拟菌核（发育未完成的分生孢子盘）随寄主残余物遗留在土壤中或附在种皮上越冬，种子上的病菌经两年后死亡。故利用隔年陈种有防病作用。越冬后菌丝体和拟菌核发育成为分生孢子盘，产生大量的分生孢子，依靠风吹、雨溅、水冲和压蔓等农事活动传病，一般贴近地面的叶片首先发病。某些甲虫有时也可带菌传病。湿度大是诱发此病的主要因素。持续 87％～95％的高湿度时，潜育期只需 3 天，湿度越低，潜育期则越长，病害发生也较慢。湿度降低至 54％以下病菌可受到抑制。

温度与湿度都有对此病的发生起制约作用。在 10～30℃的温度范围内,此病都会发生,但以 24℃ 为最适,4℃ 以下不能萌发;空气相对湿度 60%～100% 时分生孢子均可萌发。温度越大,发病越严重。相对湿度在 95% 以上,温度在 24℃ 左右时发病最盛。温度高达 28℃ 以上的夏季,则很少发病。酸性土壤(pH 值 5～6),偏施氮肥,排水不良,通风不佳,植株生长衰弱,或连作,均有利于发病。

果实在贮藏运输中也常常会发生炭疽病,病菌是由田间带来,果实越老熟越易感病。在刚下雨之后或浸水后收获的果实,再放在潮湿的地方,发病最为严重。

4.防治方法

(1)种子消毒。采用 55℃ 温水浸种 15～20 分钟后冷却,或用 40% 福尔马林 150 倍液浸种 30 分钟后用清水冲洗干净,再用清水浸种。

(2)农业防治。采用地膜覆盖和滴灌、管灌或膜下暗灌等节水灌溉技术,发病期间随时清除病瓜,避免田间积水。保护地应加强放风,尽量降低空气湿度,控制甜瓜炭疽病病害。及时采摘,严格挑选,剔除病伤瓜。贮运中要保持阴凉,注意通风除湿,防止运输与贮藏中发病。

(3)药剂防治。发病初期摘除病叶后,可选用 60% 唑醚·代森联水分散粒剂(百泰)1 000～1 500 倍液,或 32.5% 苯甲·嘧菌酯悬浮剂(至壮)2 000 倍液,或嘧菌·百菌清悬浮剂(阿米多彩)1 500～2 000 倍液,或 22.5% 啶氧菌酯悬浮剂 1 500～2 000 倍液,或 10% 苯醚甲环唑水分散粒剂 1 500 倍液,或 70% 代森联悬浮剂 800 倍液喷雾。

八、疫病

疫病(图 7-9)又称疫霉病,俗称死秧病,一般发生于苗期及生育前期,是高温多雨期易发的重要病害,一旦发病则难以控制。

1.症状

该病主要为害叶、茎和果实。叶片染病初生圆形水浸状暗绿色斑,扩展速度快,湿度大时呈水烫状腐烂,干燥条件下产生青白色至黄褐色圆形斑,干燥后易破裂。茎染病初生椭圆形水浸状暗绿斑,凹陷缢缩,呈暗褐色似开水烫过,严重时植株枯死,病茎维管束不变色。果实染病多始于接触地面处,初生暗绿色水渍状圆形斑,后病部凹陷迅速扩展为暗褐色大斑,湿度大时长出白色短棉毛状霉,干燥条件下产生白霜状霉,病果散发腥臭味。

图7-9　甜瓜疫病

2.病原

由真菌鞭毛菌亚门德雷疫霉侵染引起,此外,辣椒疫霉和寄生疫霉等也能引起此病。

3.发病规律

病菌以菌丝体、卵孢子和厚垣孢子在土壤、未腐熟厩肥、病株残余物组织内越冬。翌年卵孢子和厚垣孢子萌发产生孢子囊,在高湿条件下,释放出游动孢子,通过风吹、雨溅、水冲,由植株伤口侵入,引起发病。

发病的最适温度为28～32℃,相对湿度80%以上。在雨季发生严重。地势低洼、排水不良或通风不好的过湿地发病重。果实达成熟期,果面出现果粉时,病菌难于侵入,但是容易从未熟果、害虫为害部或伤口侵入。降雨时病菌随飞溅的水滴附着于果实而蔓延。

4.防治方法

(1)农业防治。与非瓜类作物实行轮作。选择地势较高、排水良好的田块种植;做短畦、挖深沟,完善田间排涝系统,雨后及时排水;注意氮、磷、钾配套施肥;瓜田铺草(膜);发现病株及时拔除,并在病穴撒石灰消毒;要控制浇水,经常保持土壤半湿半干状态。一旦发病,立即停止浇水,等疫病停止蔓延后再浇水。

(2)药剂防治。发病前,可选用68.75%氟菌·霜霉威悬浮剂

(银法利)1 500 倍液,或 50％嘧菌酯悬浮剂(阿米西达)1 500 倍液,或 50％烯酰吗啉可湿性粉剂(阿克白)1 000 倍液,或 18.7％烯酰·吡唑酯水分散粒剂(凯特)1 000 倍液,或 560 克/升嘧菌·百菌清悬浮剂(阿米多彩)1 500～2 000 倍液喷雾防治。

图 7-10　甜瓜叶枯病

九、叶枯病

甜瓜叶枯病(图 7-10)又称褐斑病、褐点病,在坐瓜后期开始出现,糖分积累时达发病高峰,常造成叶片大量枯死,严重影响产量。

1.症状

该病主要为害叶片,也侵害叶柄、瓜蔓及果实。发病初期叶片上产生褪绿色小黄点(书上是初期产生褐色小斑点),后扩展成圆形至不规则形褐色病斑,中央灰白色,边缘深褐色至紫褐色,微微隆起,外缘水渍状。后期中部有稀疏霉层。病斑大小约 0.1～0.2 毫米,病叶上斑点数目很多,一张叶片常有病斑300 个以上。严重时叶片卷曲、枯死,病株呈红褐色。茎蔓发病,产生菱形或椭圆形稍有凹陷的病斑。果实受害,症状与叶片类似,病原可逐渐侵入果肉,造成果实腐烂。

2.病原

由真菌半知菌亚门瓜链格孢菌侵染引起。

3.发病规律

病菌在种子、病株残体、杂草、土壤中越冬,借气流、风、雨传播。连续阴雨或时雨时晴,田间湿度大,有利于病害发生流行。重茬、氮肥用量大、排水不良、通风不良、管理粗放、长势弱的瓜田发病。

4.防治方法

(1)与非瓜类作物实行 2～3 年的轮作。

（2）种子处理。在无病区或无病植株上留种，防止种子带菌。播种前采用 55℃ 温水浸种 20 分钟。

（3）加强田间管理。采用高垄覆膜栽培技术，防止大水漫灌，天气炎热时应在早晨或傍晚浇水。增施充分腐熟的有机肥和磷钾肥。坐瓜期叶面喷施磷酸二氢钾等微肥，提高植株抗病性。及时清理田间病株残体，深埋或烧毁，减少病源。

（4）药剂防治。结瓜期，在浇水前或下雨初晴时，选用 78% 代森锰锌·波尔多液 500 倍液，或 80% 代森锰锌 600 倍液，或 75% 百菌清可湿性粉剂 600 倍液，或 50% 腐霉利 1 500 倍液喷雾防治，6～8 天喷一次，连续 3～5 次。

十、菌核病

菌核病（图 7 - 11）是大棚薄皮甜瓜栽培的重要病害，在薄皮甜瓜的整个生育期内均可发病，主要为害果实和茎叶。近几年来，该病在薄皮甜瓜产区有发展的趋势。

1. 症状

苗期、成株期均可发病，尤其是塑料大棚保护地很常见。苗期染病，在近地面幼茎基部出现水渍状病变，扩展到绕茎 1 周时，病苗猝倒在地。幼瓜、花蒂、叶腋处发病，多在下部老叶、落花上发生后向叶柄、果实扩展，染病瓜脐部呈水渍状软腐，造成整个果实腐烂，腐烂部表面长满棉絮状白色菌丝体，后期产生黑色、鼠粪状菌核。茎部染病：初生褪绿水渍状斑，逐渐扩展成浅褐色，造成茎部

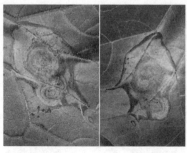

图 7 - 11　甜瓜菌核病

软腐,也长出白色菌丝,后在茎部表皮上或髓腔内产生菌核,造成植株枯萎。

2.病原

由真菌子囊菌亚门核盘菌属侵染引起。

3.发病规律

以菌核在土壤中或种子间越冬或越夏。菌核遇雨或浇水即萌发,产生子囊盘和子囊孢子,子囊孢子成熟后,稍受震动即行喷出,经风、雨、流水传播为害。先侵染老叶和花瓣,然后侵染健叶和茎部。发病适温20℃左右,相对湿度85%以上。多雨天气,排水不畅,通风不良的田块发病重。

4.防治方法

(1)种子消毒。播前用10%盐水漂种2~3次,汰除菌核后,种子用50℃温水浸种10分钟,即可杀死菌核。

(2)农业防治。合理密植、适期整枝;及时清除病叶、黄叶、老叶,改善田间通风透光条件,降低棚内湿度;合理施肥,增施磷、钾肥,防止植株徒长,增强抗病力;生长前期少浇水。

(3)农药防治。发病初期,及时用50%扑海因1 000~1 500倍液,或50%腐霉利1 000倍液,或70%甲基硫菌灵1 000倍液,或50%乙烯菌核利可湿性粉剂1 000倍液等喷雾防治,每隔7~10天喷1次,连续2~3次。也可用10%百菌清烟剂每个标准大棚200克熏蒸防治。

十一、病毒病

甜瓜病毒病(图7-12),又叫花叶病、小叶病,是我国薄皮甜瓜产区普遍发生的一种病害,其寄主广泛,对产量和品质影响大。

1.症状

甜瓜病毒病的症状主要有三种类型,一种是花叶型,心叶出现明脉,以后叶脉间失绿变黄,但主脉和支脉两旁的叶肉始终为深绿色。第二种是黄化型,在叶片上初为褪绿黄斑,后转为斑驳花叶,叶变黄、变厚,变小,叶脉突出,叶缘呈锯齿形,株形矮缩,节间短。

第三种是混合型,叶片上产生系统的不规则的坏死褪绿斑点和条斑,严重时植株矮化皱缩,叶片黄化、花叶且畸形,严重时导致植株死亡。

图 7 - 12　甜瓜病毒病病株

2.病原

病原为病毒。甜瓜病毒病在我国较常见的病毒有以下几种:黄瓜花叶病毒(CMV)、西瓜花叶病毒 2 号(WMV - 2)、甜瓜花叶病毒(MMV)、南瓜花叶病毒(SqMV)和哈密瓜坏死病毒。

3.发病规律

甜瓜病毒病的发生与气候、品种和栽培条件有密切关系。温度高、日照强、干旱条件下,利于蚜虫的繁殖和迁飞传毒,也有利于病毒的发生。瓜田病毒病适温为 20~25℃,在 36℃以上时一般不表现症状。瓜株生长不同时期抗病力不同,苗期到开花期为对病毒敏感期,授粉到坐瓜期抗病能力增强,坐瓜后抗病毒能力更强。故早期感病的植株受害重,如开花前感病株,可能不结瓜或结畸形瓜,而后期感病的多在新梢上出现花叶,不影响坐瓜。不同品种抗病性有差异,一般以当地良种耐病性较强,可结合产量、品质和经济效益的要求,因地制宜地选用。栽培条件中主要有管理方式、周围环境等,管理粗放、邻近温室、大棚等菜地或瓜田混作的发病均较重,缺水、缺肥、杂草丛生的瓜田发病也重。

4.防治方法

(1)种子消毒。用 55℃温水浸种 20 分钟后移入冷水中冷却,再催芽、播种。

(2)农业防治。适当早播,推广地膜覆盖,促幼苗快速生长,提高抗病力;种子处理,注意选择地块。甜瓜、西瓜、西葫芦不宜混种,以免相互传毒;培育壮苗,适期定植。整枝打杈及授粉等农事操作不要碰伤叶蔓,防止接触传染。

(3)药剂防治。及时灭蚜,发现蚜虫及时喷洒 70％吡虫啉水分散粒剂 15 000 倍液或 20％呋虫胺可溶粒剂 2 500 倍液或 22.4％螺虫乙酯 3 000 倍液;在病害常发期,使用 2％宁南霉素水剂 200～250 倍液,或 20％吗呱·乙酸铜可湿性粉剂 500 倍液,或 1.5％硫铜·烷基·烷醇乳油 1 000 倍液等喷雾防治,每隔 7 天防治 1 次,连续 2～3 次。

十二、细菌性角斑病

细菌性角斑病(图 7－13、图 7－14)是薄皮甜瓜的重要病害之一,一年四季均可发生,以晚春至早秋的雨季发病较重,主要为害甜瓜、西瓜、黄瓜、节瓜、西葫芦等。

1.症状

主要为害叶片,也能为害叶柄、茎蔓和卷须。苗期至成株期均可染病。苗期染病,在子叶产生圆形水渍状凹陷病斑,后变黄褐色,逐渐干枯。真叶染病,往往初生几十个针头大小的水渍状小斑点,后逐渐扩大呈淡黄色或灰白色,外围黄色晕圈,因受叶脉限制,病斑成为多角形,最后病斑成为淡黄色至黄褐色,对光观察,病斑有明显的透光感;潮湿时,叶片背面常有乳白色黏液溢出(即病菌的菌脓),干燥后形成白痕;病部质地脆碎,易形成穿孔。茎蔓、叶柄和卷须染病,出现水渍状小点,后沿茎沟扩展成短条状,黄褐色,

图 7－13　甜瓜细菌性角斑病病叶

图 7－14　甜瓜细菌性角斑病病果

严重时病部纵向开裂;高湿条件下也有大量乳白色的菌脓溢出,干燥后病部有白痕。果实染病,出现水渍状圆形小病斑,严重时病斑相互连接成不规则形的大斑块,并向瓜瓤扩展,维管束附近的瓤肉变褐色;后期病部溃裂,溢出大量污白色菌脓,常伴有软腐病菌侵染,引起果实局部呈黄褐色水渍状腐烂。病菌可以侵入种子,使种子带菌。

2.病原

该病由细菌丁香假单胞杆菌流泪致病变种 *Pseudomonas syringae* pv. *lachrymans*(Smith et Bryan) Young et al.侵染所致。

3.发病规律

病原菌在种子上或随病残体在土壤中越冬,是翌年初侵染源。种子上的病菌可在种皮或种子内部存活 1~2 年,种子带菌率较高(3%左右),带菌的种子发芽时,病菌侵入子叶,引起发病;在病残体上的病菌通过灌水、雨水溅到植株近地面的组织上引起发病。病菌在细胞间繁殖,借助雨水反溅、棚顶水珠下落、昆虫等传播蔓延,从植株的自然孔口和伤口侵入,经 7~10 天潜育后出现病斑,高湿条件下病部产生菌脓,菌脓也是再侵染源。

病菌喜温暖、潮湿的环境,适宜发病的温度范围为 10~30℃,最适宜发病的气候条件为温度 24~28℃,相对湿度为 70%以上。在雨季极易造成流行,露地栽培比保护地栽培发病重。薄皮甜瓜最易感病生育期是开花、坐果期至采收盛期。

4.防治方法

(1)种子消毒。用55℃温汤浸种 20 分钟,捞出晾干后催芽播种。

(2)农业防治。与非瓜类作物轮作 2 年以上,清洁田园,生长期间和收获后及时清除病叶和病残体深埋。深翻土层,加速病残体的分解,减少初侵染菌源。

(3)药剂防治。在发病初期及时喷药防治,药剂可选用 20%噻菌铜悬浮剂 500~700 倍液,或 77%氢氧化铜可湿性粉剂 800倍液,或 47%春雷·王铜可湿性粉剂 800 倍液,或 14%络氨铜水剂 600 倍液,或 2%春雷霉素液剂 600 倍液等喷雾,每隔 5～7 天 1 次,连续防治 3～4 次,注意交替使用。

第二节　主要虫害及防治

一、烟粉虱

烟粉虱(*Bemisia tabaci*)又名棉粉虱。属同翅目粉虱科,是一种世界性害虫,我国各地均有发生,是为害薄皮甜瓜的主要害虫。

图 7－15　烟粉虱为害甜瓜状

图 7－16　烟粉虱为害引发煤污病

1.危害特点

烟粉虱(图 7－15)是外来入侵害虫,2000 年传入我国。具有刺吸式口器,为害甜瓜时,成虫和若虫吸食甜瓜植物汁液,被害株叶片褪绿、变黄、萎蔫,甚至全株枯死。同时,由于烟粉虱繁殖力强,繁殖速度快,种群数量庞大,群聚危害,并分泌大量蜜液,会严重污染叶片和果实,引起煤污病(图 7－16)的大发生,使甜瓜失去商品价值。

2.形态特征

(1)成虫。体长 0.9～1.4 毫米,淡黄白色或白色,雌雄均有翅,全身披有白色蜡粉,雌虫个体大于雄虫,其产卵器为针状。

(2)卵。长椭圆形,长 0.2～0.25 毫米,初产淡黄色,后变为黑褐色,有卵柄,产于叶背。

(3)若虫。椭圆形、扁平。淡黄或深绿色,体表有长短不齐的蜡质丝状突起。

(4)伪蛹。椭圆形,长0.7～0.8毫米。中间略隆起,黄褐色,体背有5～8对长短不齐的蜡丝。

3.发生规律

成虫羽化后1～3天可交配产卵,平均每头产142.5粒。也可孤雌生殖,其后代雄性。成虫有趋嫩性,在植株顶部嫩叶产卵。卵以卵柄从气孔插入叶片组织中,与寄主植物保持水分平衡,极不易脱落。若虫孵化后3天内在叶背做短距离行走,当口器插入叶组织后开始营固着生活,失去了爬行的能力。烟粉虱繁殖适温为18～21℃。春季随秧苗移植或温室通风移入露地。

环境适合时,一年发生11～15代,世代重叠。1雌可产66～300粒卵。雌成虫有选择嫩叶集居和产卵的习性,随着寄主植物的生长,成虫逐渐向上部叶片移动,造成各虫态在植株上的垂直分布,常表现明显的规律。新产的卵绿色,多集中在上部叶片,老熟的卵则位于稍下的一些叶上,再往下则分别是初龄幼虫、老龄幼虫,最下层叶片则主要是伪蛹和新羽化的成虫。

4.防治方法

(1)农业防治。育苗前清除杂草和残留株,彻底杀死残留虫源,培育无虫苗;避免黄瓜、番茄、豆类混栽或换茬,与十字花科蔬菜进行换茬,以减轻发生;田间作业时,结合整枝打杈,摘除植株下部枯黄老叶,以减少虫源。

(2)物理防治。悬挂黄板置于温室中诱杀,每亩25～30张。

(3)药剂防治。可选用22%螺虫乙酯·噻虫啉悬浮剂(稳特)1 500～2 000倍液,或25%噻虫嗪水分散粒剂3 000倍液,或22.4%螺虫乙酯悬浮剂1 500倍液,或22%氟啶虫胺腈悬浮剂1 500倍液喷雾防治。

二、瓜蚜

瓜蚜(*Aphis gossypii* Glover)又名棉蚜、腻虫、蜜虫,属同翅
目蚜科。瓜蚜是世界性害虫,分布很广,寄主植物众多,是薄皮甜
瓜主要害虫之一。

1.为害特点

瓜蚜(图 7 - 17)以成
虫及若虫在叶背和嫩茎上
吸食瓜叶汁液。瓜苗嫩叶
及生长点被害后,叶片卷
缩,瓜苗萎蔫,甚至枯死。
老叶受害,提前枯落,缩短
结瓜期,造成减产。同时
又会导致病害侵染,使产
量降低、品质变差。

图 7 - 17　甜瓜受瓜蚜为害状

2.形态特征

从越冬卵孵化出的蚜虫称干母。分无翅胎生雌蚜、有翅胎生
雌蚜、产卵雌蚜、雄蚜等。无翅胎生雌蚜体长 1.2～1.9 毫米,无
翅,体色在春秋季为深绿色,夏季高温时为黄绿色,体形小,腹管黑
色或青色,圆筒形,基部稍宽。有翅胎生雌蚜体长 1.2～1.9 毫米,
体色为黑绿色至黄色,翅两对,腹部背面有 2～3 对黑斑。产卵雌
蚜无翅,体长 1.3～1.9 毫米,体色为草绿色,透过表皮可见腹中的
卵。有翅胎生雌蚜,体黑色,腹部腹面微带绿色。雄蚜狭长卵形,
有翅,体色绿,灰黄或赤褐色。若蚜共 4 龄,形如成蚜,复眼红色,
体被蜡粉,有翅若蚜 2 龄后出现翅芽。

3.发生规律

瓜蚜 1 年发生 20～30 代。受精卵在第一寄主上越冬,春季孵
化出来的干母全部是无翅胎生雌蚜,其后代为干雌,大部无翅,仍
营孤雌胎生,少数为有翅迁移蚜。干雌的下一代大部为有翅迁移
蚜,飞至第二寄主蔓延为害。晚秋产生有翅迁移蚜陆续迁回第一

寄主,雌雄交配,产卵越冬。

瓜蚜生活周期短,早春和晚秋季节 10 多天 1 代,夏季 4 天左右 1 代,繁殖快,在短期内种群迅速扩大。气候因素影响种群数量。干旱酷热期间,小雨天,阴天,气温下降,有利于繁殖,种群迅速扩大。暴风雨常使种群锐减。有翅蚜对黄色和橙黄色趋性强。

4.防治方法

(1)农业防治。清除田间杂草,消灭越冬卵。在有翅蚜迁飞前用药杀灭,大棚内可用 22% 敌敌畏烟熏剂(苗期慎用)进行熏蒸,每亩每次 400~500 克,在棚室内分散放 4~5 堆,暗火点燃,密闭3 小时左右。

(2)物理防治。可在瓜田设置每亩 25~30 张黄色粘虫板诱杀蚜虫;用银灰色塑料膜遮盖以驱避蚜虫,或挂放银灰色薄膜条驱避有翅蚜。

(3)药剂防治。可选用 10% 氟啶虫酰胺水分散粒剂(隆施)2 000 倍液,或 10% 吡虫啉乳油 1 500 倍液,或 25% 噻虫嗪水分散粒剂 3 000 倍液,或 22.4% 螺虫乙酯悬浮剂 1 500 倍液喷雾防治。

三、蓟马

蓟马种类很多,为害薄皮甜瓜的蓟马有烟蓟马、黄蓟马、棕榈蓟马等,其中以棕榈蓟马(图 7 - 18)的为害最为严重。

1.为害特点

以成虫和若虫锉吸植株心叶、嫩梢、嫩芽、花和幼果的汁液,被害植株嫩叶嫩梢变硬缩小,生长缓慢,节间缩短;幼果受害后表面产生黄褐色或褐色斑

图 7 - 18 棕榈蓟马

纹或锈皮,毛茸变黑,甚至畸形或造成落瓜。

2.形态特征

成虫体长约 1 毫米,金黄色,前胸后缘有缘鬃 6 根,翅透明细长,周缘有细长毛,腹部偏长。卵长椭圆形,长 0.2 毫米,淡黄色。若虫共 3 龄,复眼红色,体黄白色。

3.发生规律

年发生 10～12 代,世代重叠严重。多以成虫在茄科、豆科、杂草或在土缝下、枯枝落叶中越冬,少数以若虫越冬。棕榈蓟马成虫具有较强的趋黄性、趋嫩性和迁飞性,爬行敏捷、善跳、怕光,平均每头雌虫可产卵 50 粒,卵产于生长点及幼瓜的茸毛内。可营两性生殖和孤雌生殖,初孵若虫群集为害,1～2 龄多在植株幼嫩部位取食和活动,老熟若虫自落地入土发育为成虫。棕榈蓟马若虫最适宜发育温度 25～30℃,土壤相对湿度 20％左右。卵历期 5～6天,若虫期 9～12 天。浙江及长江中下游地区常年越冬代成虫在5 月上中旬始见,6～7 月数量上升,8～9 月为害高峰期,在夏秋高温季节发生严重。

4.防治方法

(1)农业防治。秋冬季清洁田园,消灭越冬虫源。加强肥水管理,使植株生长健壮,可减轻发生为害。采用营养钵育苗、地膜覆盖栽培等。

(2)物理防治。在瓜田设置黄色粘虫板,每亩 25～30 张诱杀。

(3)药剂防治。可选用 60 克/升乙基多杀菌素悬浮剂(艾绿士)1 500 倍液,或 2.5％多杀菌素悬浮剂 500～1 000 倍液,或 2％阿维菌素乳油 3 000 倍液交替使用。

四、红蜘蛛

红蜘蛛(*Tetranychus cinnbarinus*)又称瓜叶螨(图 7 - 19),属蛛形纲真螨目叶螨科。该虫为多食性害虫,在我国分布广泛,为害严重,主要为害瓜类、果树和蔬菜等作物,是薄皮甜瓜的重要害虫之一。

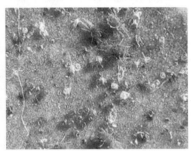

图 7 - 19　红蜘蛛

1.为害特点

以成虫和若虫在叶背面吸食汁液,形成淡黄色斑点,叶片逐渐失绿而枯黄,直至干枯脱落,影响产品的产量和品质。

2.形态特征

雌螨体长 0.48～0.55 毫米,宽 0.35 毫米,体形椭圆,体色常随寄主而变化。基本色调为锈红色或深红色,体背两侧有长条块状黑斑 2 对。雄螨体长 0.35 毫米,宽 0.19 毫米,近菱形,头胸部前端近圆形,腹部末端稍尖,体色比雌虫淡。卵圆球形,直径约 0.13 毫米,初产无色透明,渐变淡黄,孵化前微红。幼螨足 3 对,体近圆形。初孵化身体透明,取食后变暗绿,蜕皮后变第一若螨,再蜕皮为第二若螨,足 4 对。第二若螨蜕皮后为成螨。

3.发生规律

红蜘蛛每年发生 10～20 代,繁殖力极强,主要以雌成虫过冬,在 10 月份迁至杂草和作物的枯枝落叶和土缝中越冬。在南方气温高的地方,冬季在杂草、绿肥上仍可取食,并不断繁殖。春季气温为 6℃时,即可出蛰为害,气温上升到 10℃以上时,开始大量繁殖。繁殖方式以两性生殖为主,也可营孤雌生殖。一般 3～4 月先在杂草和其他寄主作物上取食,4 月下旬至 5 月上中旬迁入瓜田。先是点片发生,以后随着大量繁殖,以受害株为中心向周围扩散,先为害植株下部叶片,然后向上蔓延,靠爬行、借风力、流水、农机具等传播。红蜘蛛发育最适温度为 25～29℃,最适空气相对湿度为 35%～55%,故少雨干燥季节和地区受害严重。夏秋多雨,对其有抑制作用。

红蜘蛛天敌较多,有捕食性螨、捕食性蓟马、深点食螨瓢、小花蝽、草蛉、草间小黑蛛、三突花蛛等。

4.防治方法

(1)农业防治。进行轮作;冬前及早春铲除田内外杂草和枯枝落叶,翻耕土壤,减少成螨越冬条件,消灭虫源。该虫早期在基部叶为害时,可摘除老叶销毁;合理施肥,促使瓜苗苗壮生长。

(2)药剂防治。始盛期用 15%哒螨灵乳油 1 500 倍液,或 2%阿维菌素乳油 2 000 倍液,或 5%噻螨酮可湿性粉剂 1 000 倍液,喷雾防治。

图 7 - 20　蛴螬

五、蛴螬

蛴螬(图 7 - 20)是金龟甲幼虫的总称,是地下害虫中分布最广、种类最多、为害最重的害虫。常见的金龟子有东北大黑鳃金龟、华北大黑鳃金龟、铜绿丽金龟、黑绒金龟、铜绿异丽金龟、暗黑鳃金龟等。

1.为害特点

该虫主要为害薄皮甜瓜根茎,造成缺苗断垄,同时继续转移为害,取食嫩根。不仅造成伤口,诱发病害,而且使根系吸收能力减弱,导致植株生长衰弱,甚至死亡。

2.形态特征

成虫因品种而异。

(1)华北大黑鳃金龟。成虫体长 17～22 毫米,长椭圆形,黑褐色,有光泽,前胸背板侧缘外突。每鞘翅上有 4 条明显的纵脊,臀板显露,顶端中间有凹陷。

(2)暗黑鳃金龟。成虫体长 16～22 毫米,长椭圆形,暗黑褐色,无光泽,被黑色或黄褐色绒毛和蓝灰色闪光层,前胸背板前缘密生黄褐色长毛,鞘翅有纵脊 4 条。腹部腹板具青蓝色丝绒色泽。

两种金龟甲的卵均为椭圆形,乳白色,孵化前可增大近圆形。老熟幼虫体长 30～50 毫米,头部赤褐色,胸腹乳白色。臀板腹面的刚毛数目和排列不同,是区分种类的特征。

3.发生规律

(1)华北大黑鳃金龟。在黄淮海地区多为 2 年 1 代,以成虫或幼虫隔年交替在土中越冬,越冬成虫出土高峰在 5 月上中旬,5～8 月产卵,6 月中下旬孵化,为害盛期在 7 月下旬至 10 月。越冬幼虫在土中的深度 11～34 厘米,4 月上旬开始上升为害,6 月下旬化蛹,7 月中旬羽化。成虫寿命很长,白天潜伏土内,早晚活动危害,有伪死性,趋光性不强。幼虫主要在春秋两季为害,始终在土中活动,10 厘米深土温 13～18℃最适合活动。雨量与蛴螬发生的关系密切,5 月上中旬干旱为害重,如一次降雨量超过 30 毫米,则发生较轻。

(2)暗黑鳃金龟(图 7 - 21)。在华北和华东地区 1 年发生 1 代,多以 3 龄老熟幼虫越冬,至来年化蛹,一直停留在土室中,一般春季不为害,5 月中下旬化蛹,6～7 月成虫盛发。幼虫 7 月开始为害,一直为害到 9 月,以后潜入土层 20 厘米深处越冬。成虫晚间活动,有伪死性与趋光性。

4.防治方法

(1)人工捕杀成虫。金龟子成虫白天中午多藏

图 7 - 21　暗黑鳃金龟的成虫

于幼苗根际周围表土层中,可扒土捕捉;也可利用其假死堕地习性,予以捕杀。

(2)物理诱杀。利用成虫的趋性,用杀虫灯或黑光灯或糖醋液诱杀成虫。

(3)药剂防治。可用3%辛硫磷颗粒剂每亩撒施3~4千克或0.2%联苯菊酯颗粒剂4~5千克撒施或30%氯虫·噻虫嗪悬浮剂3 000~4 000倍液喷雾防治。

六、蝼蛄

蝼蛄(图7-22)属直翅目,蝼蛄科,俗称拉拉蛄、土狗等。国内记载有6种,在此仅介绍发生普遍、为害严重的两种。

1.分布与为害

(1)华北蝼蛄 *Gryllotalpanispina* Saussure。主要分布在我国北纬32°以北地区,即东北、华北、西北等地。

(2)东方蝼蛄 *Gryllotaloarientalis* Bwmeister。全国都有发生。

蝼蛄以成虫和若虫对薄皮甜瓜幼苗的为害最为严重,刚发芽的种子及幼苗嫩茎被咬成麻丝状,造成幼苗凋枯或发育不良、缺苗断垄。

2.形态特征

(1)华北蝼蛄。

图7-22　蝼蛄

左:华北蝼蛄　右:东方蝼蛄

成虫:雌虫体长 45～50 毫米,雄虫体长 39～45 毫米,体黄褐色,前胸背板中央有一心脏形暗红色斑点。前足为开掘足。腹部近圆筒形,腹部末端具二尾须。

卵:椭圆形。初产时长 1.6～1.8 毫米,宽 1.1～1.3 毫米,孵化前较膨大,黄褐色至深灰色。

若虫:初孵化时乳白色,后变黄褐色,老龄时体长 41 毫米,若虫共 13 龄。

(2)东方蝼蛄。

成虫:雌虫体长 31～35 毫米,雄虫体长 30～32 毫米,体淡灰褐色。前胸背板中央有长约 5 毫米的凹陷,前足变形为开掘足,腹部纺锤形,末节有较长的尾须 1 对。

卵:椭圆形,初产时长约 2.8 毫米,宽 1.5 毫米,初产时乳白色,孵化时较膨大,黄褐色,孵化前呈暗紫色。每一卵室有卵 10～40 粒。

若虫:孵化初期乳白色,渐变暗褐色,老熟时体长达 25 毫米,若虫共 8～9 龄。

3.发生规律

(1)华北蝼蛄。完成 1 代需 3 年左右。以成虫和若虫越冬。在河南越冬成虫于翌年春季开始活动,6 月上旬开始产卵,6 月中下旬孵化为若虫,至 9～10 月,以 8～9 龄若虫越冬。第二年 4 月上旬开始活动,当年再蜕皮 3～4 次,至秋后已达 12～13 龄,又进行越冬。第三年春季又出来活动为害,8 月羽化为成虫,为害秋菜和冬麦,然后越冬,至第四年 6 月上中旬再行产卵。卵期平均 17 天,若虫历期 736 天,成虫寿命 378 天,完成一世代共需 1 131 天。

成虫白天潜伏在土内隧道或洞穴中,晚间外出取食交尾,以 21:00 时至夜间活动最盛。成虫有趋光性,对未腐熟的粪肥和香甜的麦麸、豆饼,煮半熟的谷类有趋性。喜欢栖居在轻盐碱地、河岸渠旁和菜地等潮湿环境。

(2)东方蝼蛄。在华中、江西、四川等地,1 年发生 1 代,以成虫和若虫在土穴内越冬。1代区于3～4月间成虫开始活动,4～5月产卵,越冬若虫5～6月羽化为成虫。

成虫趋光性较强,行动灵敏,对粪肥和未腐熟的有机肥有趋性,所以,苗床或施用未腐熟的有机肥,易招引蝼蛄为害。

4.防治方法

(1)农业防治。清除田间杂草并集中销毁;种前翻耕整地,栽后进行中耕、细耙,消灭表层有虫和卵块;发现有缺叶、断苗现象,应立即在附近找出幼虫,将其消灭。

(2)灯光诱杀。采用黑光灯或普通灯光诱杀,尤以高温天气、闷热天气的夜晚诱杀效果最好。

(3)毒饵诱杀。用80%敌敌畏或90%晶体敌百虫拌成毒饵,饵料用麦麸、豆饼、玉米碎渣或瘪谷等炒香,以药、水、饵料1:10:100的比例拌和均匀,春季在蝼蛄发生地,每隔3～5米,挖1个碗大的坑,放入一把毒饵,再覆土,或者开沟施。气温高时蝼蛄在地面活动,可于傍晚将毒饵撒在地面上。一般每公顷约用饵料22.5～37.5千克。此法也可兼治其他地下害虫。

(4)药剂防治。参照"蛴螬"。

七、地老虎

地老虎属鳞翅目,夜蛾科,切根夜蛾亚科夜蛾的幼虫,俗称土蚕、地蚕等。种类很多,严重为害薄皮甜瓜的是小地老虎(*Agrotis ypslom* Rottemberg)。

1.分布与为害

小地老虎(图7-23)国内分布遍及各省区,以雨量丰富、气候湿润的地区发生严重。在3龄以前多在嫩叶或嫩茎上咬食,3龄以后转入土中,昼伏夜出,常将幼苗咬断并拖入土穴中,造成缺苗断垄或咬断蔓尖及叶柄,使植株不能正常生长。

2.形态特征

成虫:体长16～23毫米,翅展42～54毫米,全体灰褐色,有黑色斑纹,触角雌蛾丝状,雄蛾双栉齿状。前翅棕褐色,前缘基线、内

图 7-23　小地老虎的成虫(左)与幼虫(右)

横线、外横线均为黑色双线；肾状纹、环状纹均环以黑边，其外侧有一尖端向外的黑色楔形斑。在亚外缘线上有 2 个尖端向内的楔形黑斑。后翅灰白色，翅脉及边缘呈黑褐色。

卵：半圆形，直径约 0.6 毫米，高约 0.5 毫米，表面有纵横隆起线。

幼虫：共 6 龄，老熟幼虫体长 37～47 毫米，黑褐色，体表有黑色颗粒状突起，臀板黄褐色，有两条深褐色纵带。

蛹：体长 18～24 毫米，赤褐色，有光泽，腹末有一对臀刺。

3.发生规律

小地老虎在我国年发生 2～7 代不等，随纬度和海拔高度而异，长城以北 2～3 代，华北 3～4 代，长江流域 4～5 代，华南 6～7 代。越冬虫态因地而异，华中和华东以老熟幼虫、蛹和成虫越冬。华南一带无越冬现象。北纬 32°以北地区不能越冬。

成虫昼伏夜出，喜食花蜜、糖醋液及其他发酵物，对黑光灯趋性一般。成虫产卵可达 1 000 粒左右，卵多散产在土块缝隙、枯草上和多种杂草叶片背面。1～2 龄幼虫昼夜活动，咬食嫩茎、叶片，3 龄以后转入表土下，夜间活动为害。瓜苗定植伸蔓后，幼虫逐渐转入瓜田为害，4～6 龄暴食。幼虫有假死性，遇惊就蜷缩成环形。

小地老虎适宜温度为 18～26℃，相对湿度为 70%，高温对其生长发育不利，30℃左右成虫羽化不全，产卵量下降，初孵幼虫死亡率增加。上年秋季雨水多，耕作粗放，土壤湿度大，杂草丛生的地块,虫量大。

4.防治方法

(1)农业防治。清除田间杂草并集中销毁;种前翻耕整地,栽后进行中耕、细耙,消灭表层有虫和卵块;发现有缺叶、断苗现象,应立即在附近找出幼虫,将其消灭。

(2)人工捕杀。发现小地老虎为害时,可于每天早晨扒土捕杀;也可结合浇水,待小地老虎爬出土面时捕杀。

(3)诱杀成虫。用糖1份、醋2份、白酒0.5份、水10份、90%晶体敌百虫0.1份,混配成糖醋液,装在盆中或碗中,置于田间1米高处诱杀成虫,或用黑光灯诱杀。

(4)毒饵诱杀。幼虫4龄后可用毒饵诱杀,毒饵的配制方法:新鲜嫩草或菜叶50~80份、90%敌百虫原药1份、水10~15份。先将新鲜嫩草或菜叶破碎,再用水将药剂配好,然后洒入草、菜中拌匀,每公顷225~300千克,在傍晚地老虎活动为害前,撒在薄皮甜瓜苗附近。

(5)药剂防治。小地老虎1~3龄时,抗药力差,是药剂防治的最适时期,药剂防治可参照"蛴螬"。

八、潜叶蝇

潜叶蝇(图7-24)又称夹叶虫、叶蛆,属双翅目潜蝇科。国内除西藏外各地均有发生。主要以幼虫为害,幼虫

图7-24　潜叶蝇成虫(左)、幼虫(右)

在叶片组织中潜食叶肉,形成迂回曲折的隧道,严重时全叶枯萎。严重影响产量。

1.形态特征

(1)成虫。体长为2~3毫米、翅展5~7毫米的小型蝇子。头部黄色,复眼红褐色,体暗灰色。胸部发达,翅1对,透明、有紫色

闪光,后翅退化为平衡棒,黄色或橙黄色。

(2)卵。长约 0.3 毫米,卵圆形,乳白或灰白色,略透明。

(3)幼虫。体长 2.9～3.5 毫米,蛆状,前端可见能伸缩的口钩,体表光滑柔软,由乳白变黄白或鲜黄色。

(4)蛹。长约 2.5 毫米,长椭圆形略扁。初为黄色,后变为黑褐色。豌豆潜叶蝇为害状。

2.发生规律

1 年发生 12～13 代,多达 18 代。淮河以北以蛹越冬,淮河秦岭以南至长江流域以蛹越冬为主,少数幼虫、成虫也可越冬,华南可在冬季连续发生。各地均从早春起,虫口数量逐渐上升,到春末夏初达到危害猖獗时期。主要为害豌豆、蚕豆、留种白菜、油菜、甘蓝等。夏季气温超过 35℃时,有蛹期越夏现象。秋后逐渐转移到萝卜、莴苣、白菜幼苗上造成轻度为害。成虫白天活动,吸食花蜜,对甜汁有较强的趋性。卵散产,多产在叶背面边缘的叶肉上,尤以叶尖处居多。成虫寿命一般 7～20 天,每雌蝇可产卵 45～98 粒,卵期 5～11 天。幼虫孵化后即潜食叶肉,出现曲折的隧道。幼虫期 5～14 天,共 3 龄。老熟幼虫在蛀道中化蛹,蛹期 5～16 天。

3.防治方法

(1)及时清洁田园,减少虫源。

(2)人工诱杀成虫。在越冬代成虫羽化盛期,用诱杀剂点喷部分植株。诱杀剂可用甘薯或胡萝卜煮液为诱饵,加 0.05％敌百虫为毒剂制成。每隔 3～5 天点喷 1 次,共喷 5～6 次。

(3)物理防治。每亩设置黄板 25～30 张。

(4)药剂防治。始见幼虫潜蛀的隧道时为第一次用药适期,可选用 75％灭蝇胺可湿性粉剂 5 000～8 000 倍液,或 2％阿维菌素乳油 3 000 倍液喷雾防治,每隔 7～10 天喷 1 次,共 2～3 次。

九、瓜绢螟

瓜绢螟(图 7-25、图 7-26)别名瓜螟、瓜野螟,是薄皮甜瓜的一种主要害虫。

图 7-25 瓜绢螟卵、低龄幼虫

图 7-26 瓜绢螟高龄幼虫、成虫

1.为害特点

幼龄幼虫在叶背啃食叶肉,被害部位呈白斑,3龄后吐丝将叶或嫩梢缀合,匿居其中取食,致使叶片穿孔或缺刻,严重时仅留叶脉。幼虫常蛀入瓜内、花中或潜蛀瓜藤,影响产量和质量。

2.形态特征

(1)成虫。体长11~13毫米,翅展24~26毫米。头胸部黑色,前后翅白色半透明,略带紫光,前翅前缘和外缘、后翅外缘有黑色宽带。腹部大部分白色,第1、7、8节黑色,末端具黄褐色毛丛,足白色。

(2)卵。扁平,椭圆形,淡黄色,表面有网纹。

(3)幼虫。末龄幼虫体长23~26毫米。头部、前胸背板淡褐色,胸腹部草绿色,亚背线粗,白色,气门黑色。各体节上有瘤状突起,上生短毛。

(4)蛹。长约14毫米,深褐色,头部光整尖瘦;翅基伸及第6腹节。外被白色薄茧。

3.发生规律

一年发生3~6代,以老熟幼虫或蛹在枯卷叶或土中越冬。次年4月底羽化,5月幼虫为害,7~9月发生数量多,世代重叠,为害严重,11月后进入越冬期。成虫夜间活动,趋光性弱,雌蛾产卵于叶背,散产或几粒在一起,每雌可产300~400粒。幼虫3龄后卷叶取食,蛹化于卷叶、落叶中或根际表土中,结有白色薄茧。

4.防治方法

(1)提倡采用防虫网,防治瓜绢螟兼治黄守瓜。

(2)清洁田园,瓜果采收后将枯藤落叶收集沤埋或烧毁,可压低下代或越冬虫口基数。

(3)人工摘除卷叶。捏杀部分幼虫和蛹。

(4)提倡用螟黄赤眼蜂防治瓜绢螟。此外在幼虫发生初期,及时摘除卷叶,置于天敌保护器中,使寄生蜂等天敌飞回大自然或瓜田中,但害虫留在保护器中,以集中消灭部分幼虫。

(5)药剂防治。掌握在幼虫 1～3 龄时,可选用 24％甲氧虫酰肼悬浮液 2 000～2 500 倍液,或 15％茚虫威悬浮剂 3 500～4 000 倍液,或 1％甲氨基阿维菌素苯甲酸盐乳油 3 000 倍液等喷雾防治。

十、斜纹夜蛾

斜纹夜蛾 *Spodoptera litura*(Fabricius),又名莲纹夜蛾(图 7 - 27),俗称夜盗虫、乌头虫等,属鳞翅目,夜蛾科,是一种杂食性害虫,全国各地均有分布。

图 7 - 27　斜纹夜蛾成虫、幼虫、蛹、卵块

1.危害特点

它主要以幼虫为害全株、小龄时群集叶背啃食。3 龄后分散为害叶片、嫩茎、老龄幼虫可蛀食果实。其食性既杂为害各器官,老龄时形成暴食,是一种危害性很大的害虫。

2.形态特征

(1)成虫。体长 16～27 毫米,翅展 33～46 毫米。头、胸及前翅褐色。前翅略带紫色闪光,有若干不规则的白色条纹,内、外横线灰白色、波浪形,自内横线前端至外横线后端,雄蛾有一条灰白色宽而长的斜纹,雌蛾有 3 条灰白色的细长斜纹,3 条斜纹间形成 2 条褐色纵纹。后翅灰白色。腹末有茶褐色长毛。

(2)卵。半球形,初产黄白色,孵化前紫黑色。卵块产,上覆成虫黄色体毛。

(3)幼虫。老熟幼虫体长 38~51 毫米。头部黑褐色,胸腹部颜色变化较大,呈黑色、土黄色或绿色等。中胸至第九腹节背面各具有近半月形或三角形的黑斑 1 对,其中第一、七、八腹节的黑斑最大。中后胸的黑斑外侧有黄白色小圆点。

(4)蛹。长 18~23 毫米,赤褐色至暗褐色。第四至第七节背面近前缘密布小刻点,腹末有臀棘 1 对。

3.发生规律

浙江每年发生 4~5 代,多在 7~8 月大发生,黄河流域多在8~9 月大发生。成虫夜间活动,飞翔力强,有趋光性,需补充营养。卵多产于植株中部叶背面叶脉分叉处。幼虫共 6 龄,初孵幼虫群集取食,3 龄前仅食叶肉,残留上表皮及叶脉,呈白纱状后转黄,易于识别。4 龄后进入暴食期,多在傍晚出来危害。老熟幼虫在 1~3 厘米表土内做土室化蛹,7~10 月为幼虫发生盛期。

4.防治方法

(1)深翻土壤,杀灭部分幼虫和蛹。

(2)清洁田园,清除田间及其周围的杂草,减少产卵场所,消灭土中的幼虫和蛹,薄皮甜瓜收获后及时清园,将残株落叶带出田外烧毁。

(3)结合其他农事活动摘除卵块和初孵幼虫的叶片,对于大龄幼虫采用人工捕杀。

(4)诱杀成虫。利用斜纹夜蛾成虫具有较强的趋光性、趋化性和趋味性,在成虫发生期采用频振式杀虫灯、性诱剂、糖醋液(配方是糖 6 份∶醋 3 份∶白酒 1 份∶水 10 份和 90%敌百虫 1 份)等进行诱杀。

(5)药剂防治。根据斜纹夜蛾成虫消长及昼伏夜出的特性,在卵孵盛期,最好在 2 龄幼虫始盛期于 18∶00 时以后,卵孵高峰可选用 5％氟虫脲乳油 2 000 倍液,低龄幼虫可选用 5％氯虫苯甲酰胺悬浮剂 1 000 倍液或 5％虱螨脲乳油 1 000 倍液,或 240 克/升甲氧虫酰肼悬浮剂 1 500 倍液,或 10％虫螨腈乳油 2 000 倍液等防治。每隔 7～10 天喷 1 次,连续 2～3 次。

第三节　草害的防治

　　薄皮甜瓜地常见的主要杂草有马齿苋、野苋菜、灰菜、马唐、画眉草、狗尾草、旱稗、三棱草、蒺藜、牛筋草、苍耳、田旋花、刺儿菜、苦菜、车前子等。杂草一般都具有繁殖快,传播广,寿命长,根系庞大,适应性强,竞争肥水能力强等特点。杂草同薄皮甜瓜争夺阳光、水分、肥料和空间,使薄皮甜瓜的生产条件恶化,得不到正常的营养,生长受到抑制,致使产量降低。而且许多杂草都是病原菌、病毒和害虫的中间寄主,是传播病虫害的媒介。所以,杂草的丛生有助于病虫的蔓延和传播,对薄皮甜瓜生产造成很大的危害。

　　防治瓜田杂草,一是人工拔除,二是使用机械或生物处理的方法,三是使用除草剂,这是目前最省工高效的防治手段。

　　所谓除草剂(herbicide)又称除莠剂,是用以消灭或抑制植物生长的一类物质,可使杂草彻底地或选择地发生枯死。其中的氯酸钠、硼砂、砒酸盐、三氯醋酸对于任何种类的植物都有枯死的作用,其作用受除草剂、植物和环境条件三因素的影响。按作用分为灭生性和选择性除草剂,选择性除草剂特别是硝基苯酚、氯苯酚、氨基甲酸的衍生物多数都有效。世界除草剂发展渐趋平稳,主要发展高效、低毒、广谱、低用量的品种,对环境污染小的一次性处理剂已逐渐成为主流。

　　常用的除草剂品种多为有机化合物,可广泛用于防治农田、果园、花卉苗圃、草原及非耕地、铁路线、河道、水库、仓库等地杂草、杂灌、杂树等有害植物。

除草剂的使用方法有直接杀草、处理土壤和顺水冲灌等 3 种，薄皮甜瓜地常用的方法是处理土壤。所谓处理土壤，就是把药剂施入土壤，使在土壤表层形成药层，由杂草根系吸收而起杀草作用，或直接触杀杂草根芽。土壤处理的方法，可地面喷雾，也可配成毒土或颗粒剂撒施到土壤表面。

图 7 - 28　除草剂使用不当出现药害
（初期症状）

薄皮甜瓜对不同除草剂及应用的剂量有不同的反应，如施用量不当，常常发生药害（图 7 - 28）。经有关单位试验，适用于薄皮甜瓜的除草剂主要有下面一些品种。

一、适宜移栽前使用的除草剂

氟乐灵

氟乐灵又叫茄科宁，是一种选择性较强的除草剂，除了用于茄科和瓜类蔬菜外，还可应用于棉花、大豆、花生等作物。氟乐灵对一年生禾本科杂草，如马唐、牛筋草、狗尾草、旱稗、千金子、画眉草等有特效，在喷药后 70～80 天仍有 90％左右的防除效果。另外，对马齿苋、婆婆纳、山藜、野苋菜等及小粒种子的阔叶草也有较好的防除效果。但对宿根性的多年生杂草防除效果很差或无效。

氟乐灵在薄皮甜瓜地施用，主要用来进行土壤处理。

播种前或定植前，在地面整平后，每公顷用 48％氟乐灵乳油 1 125～1 875 毫升，对水 600～750 升均匀喷雾，并随即耙地，使药剂均匀地混入 5 厘米深的土层中，然后播种或定植。

播种或定植成活后或雨季到来之前，先进行中耕松土，锄去已长出的杂草，然后再用 48％氟乐灵乳油 1 125～1 500 毫升，对水

750 升对地面喷雾(注意避开幼苗),然后立即耙土拌药,使药混入土中。用量随土质不同而有变化,一般黏土或黏壤土每公顷用 48%乳油 1 500～1 875 毫升,砂土或砂壤土每公顷用 1 125～1 500毫升,都是对水 750 升喷雾。

地膜覆盖薄皮甜瓜地使用氟乐灵进行土壤处理,药效更好。方法是每公顷用 48%氟乐灵乳油 750～1 500 毫升,对水 600～750 升均匀喷雾,喷后立即耙土混药,2 天后再播种和覆盖地膜。

使用氟乐灵防除杂草应特别注意以下几个问题。

①用药量应根据土壤质地确定,但每公顷用量不能超过 48%乳油 2 250 毫升,否则会对薄皮甜瓜产生药害。

②氟乐灵见光易分解挥发失效,因此必须随施药随耙土混药,一般施药到耙土的时间不能超过 8 小时,否则就会影响除草效果。耙土要均匀,一般应使氟乐灵药剂混在 5 厘米的土层内。

③当薄皮甜瓜与小麦、玉米或其他禾本科作物间作套种时,不能使用氟乐灵,否则间套作物易发生药害。

二、适宜移栽后施用的除草剂

1.二甲戊乐灵

二甲戊乐灵为二硝基甲苯胺类除草剂。纯品为橙黄色结晶,对酸、碱稳定。对人畜低毒,对鱼类有毒。制剂为橙黄色透明液体,常温条件下可贮存 2 年以上。二甲戊乐灵主要是通过抑制植物茎与根部的分生组织而起杀死作用,不影响杂草的萌发。在有机质或黏土含量高时吸附力强,施用量应相对提高,在长期处于干燥土壤条件下施用,除草效果下降。药剂在土壤中残留的时间较长。二甲戊乐灵主要剂型有 33%乳油,5%、3%颗粒剂。

二甲戊乐灵可防除马唐草、画眉草、看麦娘、苋、藜、蓼、鸭舌草等一年生禾本科杂草。适于菜豆、马铃薯、豌豆、胡萝卜、直播韭菜、十字花科蔬菜、茄科蔬菜等菜田施用。二甲戊乐灵在播种后至出苗前进行土壤处理。甜瓜幼苗移栽后施药幼苗移栽成活后,杂草出苗前,用 33%二甲戊乐灵乳油每亩 100～150 毫升,对水 30

千克在甜瓜行间定向喷雾。

使用二甲戊乐灵要注意以下几个问题。

(1)二甲戊乐灵防除单子叶杂草比双子叶杂草效果好。双子叶杂草较多的地块可改用其他除草剂。

(2)施药时尽量避免种子直接与药剂接触。

(3)药剂可燃烧,运输、使用、贮藏过程中要远离火源,并注意防火。

2.异丙甲草胺

异丙甲草胺是芽前选择性除草剂,其原药为棕色油状液体,有效成分含量大于95%。纯品为无色液体,比重1.12(20℃),沸点100℃,闪点110～180℃,在水中溶解度530毫克/升(20℃),溶于甲醇、二氯甲烷、乙烷等有机溶剂。常温贮存稳定期2年以上。据中国农药毒性分级标准,属低毒除草剂。

异丙甲草胺主要通过植物的幼芽即单子叶植物的胚芽鞘、双子叶植物的下胚轴吸收向上传导,种子和根也吸收传导,但吸收量较少,传导速度慢。出苗后主要靠根吸收向上传导,抑制幼芽与根的生长。敏感杂草在发芽后出土前或刚刚出土即中毒死亡,表现为芽鞘紧包着生长点,稍变粗,胚根细而弯曲,须根、生长点逐渐变褐色,黑色烂掉。如果土壤墒情好,杂草被杀死在幼芽期;如果土壤水分少,杂草出土后随着降雨土壤湿度增加,杂草吸收异丙甲草胺,禾本科草心叶扭曲、萎缩,其他叶皱缩后整株枯死。阔叶杂草叶皱缩变黄整株枯死。因此,施药应在杂草发芽前进行。

异丙甲草胺对稗草、狗尾草、金狗尾草、牛筋草、早熟禾、野黍、画眉草、臂形草、黑麦草、稷、虎尾草、鸭跖草、芥菜、小野芝麻、油莎草(在砂质土和壤质土中)、水棘针、香薷、菟丝子等,对柳叶刺蓼、酸模叶蓼、萹蓄、鼠尾看麦娘、宝盖草、马齿苋、繁缕、藜、小藜、反枝苋、猪毛菜、辣子草等有较好的防除效果。对难治杂草菟丝子也有效。在防治菟丝子时如采用高剂量与嗪草酮、异恶草松、2,4-D除草剂混用结合中耕灭草效果更好。

使用方法:可用背负式喷雾器施药,地面喷洒的地块一定要整平耙细,地表无植物残株和大土块,畦面要湿润,要选早晚风小或无风天气作业,风速不得超过每秒 5 米。每亩施药 30～50 毫升,对水 50 千克喷雾。薄皮甜瓜田可用 72％异丙甲草胺乳油每亩150～200 毫升,对水 50 千克喷施。

薄皮甜瓜地使用异丙甲草胺时,如覆盖地膜,应在覆膜前施药。小拱棚薄皮甜瓜地,在薄皮甜瓜定植或膜内温度过高时,应及时揭开拱棚两端地膜通风,防止药害。

使用异丙甲草胺要求以实际用药面积来计算用药量,如地膜覆盖作物,只在地膜内施药,应以地膜内的实际面积计算用量。

覆盖地膜比不覆盖地膜可减少 20％用药量。

注意事项:

(1)异丙甲草胺有效期 30～50 天,基本上可以控制全生育期杂草危害。

(2)异丙甲草胺虽然属低毒农药,但在施药时,也应遵守安全用药操作规程,不得吸烟、进食和饮水,施药后应用肥皂水洗净裸露皮肤。

(3)施用异丙甲草胺,要求整田质量好,田中大土块多时会影响除草效果。如覆盖地膜,应在覆膜以前喷药,然后盖膜,由于地膜中的温湿度能充分保证都尔发挥药效,所以应选择低量。

(4)薄皮甜瓜应在整好田后,移栽前施药,在移栽时应尽量不要翻动开穴周围的土层。

3.烯草酮

烯草酮是一种新型的可在多种阔叶作物田使用的特效广谱安全除草剂。

(1)除草原理。烯草酮为环己烯酮类选择性内吸传导型特效除草剂,其杀草活性高,每亩仅用有效成分 3～5 克,便可有效杀死所有一年生禾本科杂草如马唐、牛筋草、稗草、狗尾草、千金子、看麦娘、野燕麦、早熟禾、画眉草、冈草等及一些较难防治的恶性多年生禾本科杂草如狗牙根、芦苇、白茅等。烯草酮可严重抑制禾本科植物体内的乙酰一辅酶 A 羧化酶的活性,导致脂肪酸生物合成停止,使杂草死亡,而对阔叶植物体内此种酶的活性及脂肪酸生物合成无任何影响,因此,是防治禾本科杂草的特效除草剂,对双子叶植物高度安全。

(2)应用技术。在干燥的条件下或空气相对湿度低于 65% 时防效低,不应喷药。最好在晴天上午喷洒。干旱或杂草较大时,杂草的抗药性强,用药量应适当增加。防除芦苇等多年生杂草也应适当增加用药量。杂草在 40 厘米以下,每亩用 12% 烯草酮 70～80 毫升;在单、双子叶杂草混生地烯草酮应与其他防除双子叶杂草的药剂混用或先后使用,混用前应经试验确认两药剂的可混性,以免产生拮抗,降低对禾本科杂草的防效或增加作物药害;水分适宜、空气相对湿度大、杂草生长旺盛,有利于烯草酮的吸收和传导。薄皮甜瓜用药可用 12% 烯草酮乳油,每亩 30～40 毫升,兑水 20～30 千克喷施,对一年生或多年生的单子叶杂草有很好的除草效果。

注意事项:

(1)配药时,要注意不要溅上药液,如不慎沾上,速用肥皂水洗净。

(2)配药时要远离水源和居民点。农药要有专人看管,严防农药被人、畜、家禽误食。

(3)喷药时要穿工作服,戴好口罩、手套,要避免药液吸入口中和接触到皮肤上。

(4)喷药以后要漱口,并用肥皂将手、脚和脸等皮肤暴露的地方洗净。

(5)本剂对鱼毒性比较低,但不宜将洗容器的水以及剩下的药剂倒入河流和池塘。

三、适宜生育期(大田封行前)施用的除草剂

1.稳杀特

稳杀特是选择性除草剂,它只杀死单子叶杂草,对薄皮甜瓜安全,故可在薄皮甜瓜生长期间使用。

其使用的方法是:在禾本科杂草 2~5 叶期,每亩用 15％精稳杀特乳油 75 毫升,对水 25~30 升喷洒。施药后 1 周,杂草枯黄。

2.吡氟氯禾灵

吡氟氯禾灵属芳氧苯氧丙酸类,是苗后茎叶处理内吸传导型除草剂。吡氟氯禾灵能广泛应用于多种阔叶作物,防除一年生和多年生禾本科杂草,特别是大龄禾本科杂草,对作物高度安全。

吡氟氯禾灵的特点有:

(1)杀草谱广,能防除大多数禾本科杂草,如稗草、狗尾草、马唐、牛筋草、看麦娘、野燕麦、芦苇。

(2)施药适期宽,禾本科杂草从三叶至生长旺盛期均可被吡氟氯禾灵杀死。

(3)适用作物品种多,对作物高度安全,对大多数阔叶作物而言,即使用量超过数倍也不会产生药害。

(4)杀草效果受外界环境影响小,低温时仍能发挥效果,干旱情况适当增加用量也能取得理想效果。

在薄皮甜瓜田除草吡氟氯禾灵的用量一般每亩为 20~30 毫克,对水 20~30 千克,喷洒杂草茎叶。

施用吡氟氯禾灵要注意的几个问题:

(1)若预料 1 小时内要下雨,请勿使用。

(2)避免溅入眼睛、皮肤和衣服;使用安全眼镜,喷药后用肥皂和清水彻底清洗。

(3)本品对鱼类有毒,要避免药液流入鱼塘和河流中;本品也能杀死有益的禾本科作物,使用时要严格防范。

用作薄皮甜瓜田除草,一般用药量为 100~150 毫升,对水 30千克喷施。

四、施用除草剂要注意的几个问题

1.要选最佳除草剂

根据慈溪市瓜农多年的生产实践,薄皮甜瓜地宜选用上述除草剂,如氟乐灵、地乐胺、敌草铵、稳杀特、二甲戊乐灵、异丙甲草胺、烯草酮、喹禾灵、吡氟氯禾灵、草甘膦等药剂为好。

2.掌握最佳用药时间

苗床地除草,应于播种后出苗前用药。用药过晚,杂草抗药性增强,灭草效果差。瓜苗出土时用药,药剂容易喷到苗上,引起药害。采用育苗移栽,瓜苗缓苗期抗药性差,易发生药害,应掌握在定植前或缓苗后用药。地膜覆盖瓜地,应在地膜覆盖前用药,安全且效果好。

3.控制最佳用药量

喷洒除草剂应先用水稀释,才能喷洒均匀。必须严格掌握用药量。药量过大,会引起药害。药害的症状是薄皮甜瓜叶片变脆,甚至整个植株死亡。药量不足,杀草效果不好。喷洒除草剂时,土壤湿度越大杀草效果就越明显。杂草多、用药量宜大,反之则少。在薄皮甜瓜幼芽期和缓苗期用药量要少,非敏感期用药量要大。

4.选用最佳的喷药方法

不同种类的除草剂使用方法不同,应根据使用除草剂的种类,选用最佳使用方法。薄皮甜瓜出苗前,一般是进行地表喷雾处理土壤。出苗后用药,一般是喷雾。

5.抢在最佳天气喷药

施药时,严格防风,不将药液吹到瓜苗上,以晴朗天气施药最佳。一般在用药后1个月内不要进行土壤作业,避免打乱土层,充分发挥药剂灭草效果。

第四节　薄皮甜瓜生理性病害的防治

生理性病害是指非感染引起的病变,其中,包括缺素引起的各种缺素症,也包括因气候因素及管理不当引起的冻害、徒长、老化、沤根、萎蔫、药害、肥害等非病理性变化。与侵染性病害一样,生理性病害也是薄皮甜瓜生产过程中常见的病害,如果防治不及时,同样会给瓜农带来巨大的经济损失。

一、幼苗戴帽出土

1.症状和病因

瓜苗出土后种皮不脱落,子叶不能正常展开,即形成所谓的戴帽苗。戴帽苗使子叶展开缓慢,直接影响幼苗的光合作用,导致幼苗瘦弱和延迟生育期。

产生戴帽苗的主要原因:

(1)种皮和床土过干,种子发芽后种皮不易脱落;

(2)播种过浅或播种后覆土厚度过薄,土壤对种子的压力不够;

(3)播种时种子摆放不当,发芽过程中吸水不均匀;

(4)种子成熟度差、胚发育不健全。生活力弱,出土时无力脱壳;

(5)苗床管理不当。如幼苗刚一出土,就过早撤掉塑料薄膜,或晴天中午撤掉塑料薄膜,使种皮在脱落前变干,导致种皮不可能顺利脱落。

2.防治方法

(1)精选种子,剔除未完全成熟的种子。

(2)播种时要正确摆放种子,应将种子的芽尖向下,平放在穴中。

(3)播种前浇透底水;播种时将种子在床土上用手指轻按一下,使其与底土紧密接触并略陷入底土中,可有效防止戴帽苗;播种后加强苗床管理苗床,要及时覆盖塑料薄膜,使种子周围经常处于湿润状态,以便保持种皮湿润。

(4)覆土厚度要适宜,一般在1厘米左右,不可过薄,也不能过厚。

(5)如果出现了戴帽苗应及时人工去除,去帽越早对瓜苗的影响越小。人工"摘帽"时应注意以下3点:①不要伤害子叶,否则幼苗生长缓慢;②不要拨动幼苗,否则易伤根损苗;③不能在晴天中午阳光强烈时"摘帽",以免灼伤子叶。

二、僵苗

1.症状和病因

僵苗在苗期和定植后均能发生,其主要表现是幼苗地下部根系变黄,甚至褐变,新生的白根发生缓慢或不发生;幼苗地上部生长停滞,原有子叶和真叶变黄,增长量小,展叶慢,叶色灰绿。僵苗恢复很慢,一旦发生就会延误有利的生长季节,严重地影响产量,是苗期和定植前期的主要生理病害。

僵苗发生的原因:

(1)气温偏低,土壤温度低,或定植后连续阴雨不能满足薄皮甜瓜根系生长的基本温度要求。

(2)床土黏重,透气性差,排水不良。

(3)苗床或定植穴内施用未经腐熟的农家肥发热烧根或施用化肥较多,土壤溶液浓度过高而伤根。

(4)水分管理不当,浇水过多、过勤,使床土长期处于高湿状态。

(5)秧苗素质差,定植时苗龄过长,定植过程中根系损伤过多,或整地、定植时操作粗糙,根部架空、影响发根。

(6)地下害虫为害根部。

2.防治方法

(1)改善育苗环境,床土要疏松肥沃、适度黏结,透气性良好,既保水保肥又排水良好。

(2)苗龄适当,适时定植,定植选择冷尾暖头的晴天上午。

(3)苗期浇水时要注意水量和频率,土壤含水量60%～70%为宜。

(4)加强土壤管理,采用地膜覆盖,增温、保水、防雨,阴雨天后要注意通风排湿,加强排水。

(5)发生瓜苗沤根时要及时松土排水,增加光照,提高温度,促进发生新根。

(6)注意防治蚂蚁等地下害虫。

三、飘苗

1.症状和病因

幼苗出土后根系不能正常向床土下生长,使幼苗歪斜,严重的倒伏在苗床上。飘苗的主要原因:

(1)床土过于黏重。

(2)播种时覆土过浅。

(3)地温过低。

2.防治方法

(1)床土要疏松肥沃。

(2)播种时覆土厚度要适宜。

(3)甜瓜根系生长的适宜地温在 25℃ 左右,最好在带有控温仪和地热线的苗床上育苗,以保证土温适宜。

(4)出现飘苗后要疏松土壤,增加覆土厚度使幼苗直立,适当提高地温和调节土壤含水量促进根系生长。

四、化瓜

1.症状和病因

刚坐的小瓜黄化干瘪,直至脱落的现象叫做化瓜。

化瓜的主要原因:

(1)授粉受精不良或没有用生长调节剂蘸花。

(2)幼瓜营养不良。

2.防治方法

(1)施足底肥,保证营养供给。

(2)培育壮苗,使幼苗有较好的吸收营养能力。

(3)合理密植,保证植株足够的营养面积。

(4)采用昆虫授粉或人工辅助授粉,也可用生长调节剂蘸花,促进果实膨大。

五、裂瓜

1.症状和病因

果实表面产生龟裂,多数是从果肉较薄的花痕部开始。

造成裂瓜的主要原因:

(1)水分供给不均衡,前期给水较少导致果实生长缓慢,果皮老化变硬,而后期给水多,特别是给大水后内部果肉细胞迅速生长胀破果皮;

（2）阳光直射导致果皮变硬的植株易发生裂瓜。

2.防治方法

（1）选择抗裂品种。

（2）均衡供水，防止土壤水分突变，在土壤干旱的情况下浇水，一定要注意水量不能过大。

（3）用叶片盖瓜，避免阳光直射果实表面导致果皮硬化。

六、果面污斑

1.症状和病因

果实表面或多或少地产生斑点或麻点。

出现果面污斑的主要原因：

（1）幼果期农药等刺激物接触了果实表皮。

（2）空气潮湿的情况下，白粉病和蚜虫的分泌物易导致产生污斑。

2.防治方法

（1）农药的浓度不宜过高，喷施农药时，尽量不要喷到果面上；

（2）控制蚜虫等病虫害的发生。

七、发酵果

1.症状和病因

果肉和瓜瓤呈水浸状，肉质变软，严重时产生酒精发酵。植株缺钙是产生发酵果的最主要原因。此外，氮肥施用过多、长时间高温影响植株对钙的吸收也易产生发酵果。

2.防治方法

（1）合理施肥，不偏施氮肥。

（2）培育壮苗，适时中耕，保证植株对营养元素的吸收能力。

（3）避免出现长时间高温环境。

（4）叶面喷施钙肥。

八、日灼果

1.症状和病因

强烈阳光照射引起果实表面硬化、变黄、凹陷，形成日灼果。

2.防治方法

(1)选用抗日灼品种。

(2)合理密植,用叶片遮瓜,避免阳光直射果面。

第八章　薄皮甜瓜栽培的配套技术

第一节　滴灌技术

大棚薄皮甜瓜常用的灌水方法有沟灌、浇灌、渗灌、滴灌等。滴灌是新型的灌溉方式,是膜下滴灌节水栽培技术的简称。

一、滴灌系统的特点

滴灌是将水经加压过滤,通过一系列的主、支管输水系统和膜下铺设的滴管,使水从滴头一滴一滴均匀缓慢地滴入薄皮甜瓜根系附近的土壤的设施。

滴灌具有以下优点。

1.省水

滴灌是一滴一滴灌入植株根部,仅湿润植株根部,可避免发生地表径流和渗漏,减少水分蒸发,提高水资源利用率。

2.省工、省力

滴灌灌水,可以实行全自动或半自动灌水,灌水效率高,减少花工,减轻劳动强度。

3.改变田间小气候,提高灌溉质量

滴灌可以做到适时、适量、适速灌水,有利改变土壤中的固、液、气三相比例,土壤不易板结,土质保持疏松,团粒结构好,有利根系生长。大棚薄皮甜瓜滴灌还可以降低土壤湿度和棚内空间相对湿度,减轻病害发生。而且,滴灌灌水只湿润根系附近土壤,其余部分保持干燥,可以减少杂草生长。因此,滴灌灌溉增产作用明显。

4.可与追肥相结合,并可节省肥料

结合滴灌进行施肥,可以减少养分流失,提高肥效,减少肥料用量,降低成本。滴灌虽有许多优点,但滴灌需要一定的设备,一次性投入成本较高。

二、滴灌装置及其设置

大棚滴灌要求安装容易,移动方便,配套性好,出水均匀,寿命长,故障少,价格低。目前,生产上应用的滴灌系统主要有控制首部、输水管路和滴灌管 3 部分组成。

1.控制首部

通常设在滴灌系统供水水源处,由水泵、肥料桶、过滤器及压力表等组成,具有动力、过滤、进肥等作用。控制首部可安装定时装置。水源可以是河水、塘水、溪水、水库水或池塘水等,水经过水泵加压、并经过滤器过滤后进入滴灌系统。

首部根据肥料进入滴灌系统的方式不同可以分为泵后(压入)式和泵前(吸入)式喷(滴)灌系统。泵后式滴灌系统肥料是在水泵出水口后,在肥料桶内与灌溉水一起压入滴灌系统。水泵可以是潜水泵、自吸泵、管道泵,肥料桶要求强度大,能承受较大的压力,可以是铁制,也可以是水泥制,在生产上使用较少。

泵前式滴灌系统肥料是在水泵进水口,通过水泵吸力与水一起进入滴灌系统,水泵要选择管道泵或潜水泵、自吸泵。管道泵一般用于棚群固定式滴灌系统;潜水泵、自吸泵一般用于单棚或几棚移动式滴灌系统。就自吸泵而言,其动力有 370 瓦、550 瓦等多种型号,370 瓦自吸泵可同时灌溉 667 平方米大棚,550 瓦自吸泵可同时灌溉 667～1 234 平方米大棚。过滤器可以是沙石式过滤、筛网式过滤或离心式过滤等,其作用是过滤水与肥料混合物,确保进入滴灌系统的水质清洁,无杂质。在生产上用得较多的是筛网式过滤,可根据灌溉面积和主管要求流量选择不同大小的过滤器。在使用中要经常清洗滤网,以防堵塞。泵前式肥料桶的容积根据灌溉水量需要建造,一般移动式容积为 25～50 升,固定式为200～

1 000 升。

2.输水管路

为滴灌系统的输水部分,由主管、支管等组成。主管一般用聚氯乙烯管(UPVC),支管也可采用聚氯乙烯管(UPVC)或黑聚乙烯管等材料。为节约土地,防止老化,延长使用寿命,主管多埋在地下。支管在每只大棚的端面,为便于移动,多铺设在地面。因此,需选用黑色管,以防止老化,管径为 25 毫米。在大棚支管与主管连接处装一阀门,用于控制大棚灌水与否。

3.滴灌管

滴灌管是滴灌系统的出水部分,滴灌管其上安装滴头,微喷其上安装微喷头。滴灌管滴头间距取决于滴头流量、蔬菜种类及土壤透水性等多种因素,一般为 0.3 米。滴灌管铺设在畦面植株根部,与畦长相同;为节省成本,也可铺在畦面两行株中间。铺设时,滴灌管要铺平、拉直。根据滴头安装在滴灌管上的不同方式可分为软管滴灌管、内镶式滴管、外镶式管等多种。悬挂式微喷悬挂安装在离地面 2.2～2.5 米高,输水管管径为 25 毫米,微喷头间距4 米。

(1)软管滴灌管。这是一种直径为 2～4 厘米的高强度聚乙烯薄膜管、白色,壁厚 0.15～0.4 毫米,管壁一侧每隔 10～30 厘米打二排直径为 0.8 毫米左右的小孔。这种软管安装时小孔朝上,一端接在支管上,另一端倒折用细绳扎牢堵住。薄壁软管不供水时成扁状带,供水时软管充圆。水压大时,水从管壁上小孔中喷出,滴入畦面;水压小时,水呈水滴状滴出。使用时水压不可过大,以免软管破裂。其主要优点是价格便宜,其缺点是前末端出水不均,使用寿命较短。由农业部规划设计院环能公司设计,安徽省界首市塑料制品总厂生产的软管滴灌管已在生产上大面积推广应用。

(2)内镶式滴灌管。这种滴灌管因其滴头镶嵌在滴灌管管壁内侧而得名,是目前世界上应用广泛,性能先进的滴灌器械。内镶式滴灌管滴头采用了流道消压技术,即滴灌管内水进入滴头时,水通过滴头内一条弯曲狭长的流道,水流与流道壁产生摩擦,形成细微的水流而消压,从而使滴灌管近端和远端滴头压力均匀。另外,内镶式滴灌管滴头还具有过滤作用。因此,这种滴灌管具有出水均匀,抗堵性能好的优点。由于滴头内镶,滴灌管外表光滑,安装和移动时不易破损,使用寿命长。国际上内镶式滴灌管以以色列生产的最先进,国内北京绿源塑料联合公司已引进滴灌设备生产线,生产出内镶式滴灌管。该公司生产的内镶式滴灌管是以聚乙烯为原料的黑色塑料圆管,管壁厚有 0.2 毫米、0.4 毫米、0.6 毫米多种,滴头间距有 0.3 米、0.4 米、0.5 米等规格,滴头工作压力 0.1～1 千克/平方厘米。

【应用案例】

某地安装薄皮甜瓜滴灌系统,所用材料为:送水管为 6.6 厘米白色管,每亩用 11.2 米,带开关、两侧 6.6 厘米变 3.3 厘米四通接头每亩用 6 个;滴水管为 3.3 厘米黑色管,每 20 厘米间距有 3 个出水,每亩用 375 米。供水:1 500 瓦水泵抽机井水。肥料与农药应用设备:煤气管 2 条 4 米。喷雾器开关 1 个,200 升塑料桶 1 个。薄皮甜瓜前作为甘蔗。

薄皮甜瓜春季于 2 月底 3 月初播种育苗,3 月下旬移栽大田,覆盖地膜;秋季于 8 月中旬播种育苗,9 月下旬移植大田,覆盖地膜。种植规格为 1.8 米×0.60 米,每亩种植 620 株。

【滴灌网管铺设】

瓜地整理好后,为以后铺网管方便,按种植规格 18 米开厢起畦,先按长度为 60 米开厢,然后在中间 30 米处垂直开一条宽 80 厘米工作行,使每畦长度为 30 米,左右对称,施足基肥,每畦种植 1 行。种植后开始铺设网管,行中间铺设送水管,进水口处与抽水机水泵出水口相接,送水管在瓜行对应处安装一个带开关的四通接头,直通连接送水管,侧边分别各接 1 条滴管,每行瓜采用 1 条滴管,长度在 30 米左右,末端密封。滴管安装好后。每隔 30 厘米用小竹片拱成半圆形卡过滴管插稳在地上,半圆顶距滴管充满水时距离 0.5 厘米为宜,这样有利于覆盖薄膜后薄膜与滴管不紧贴、泥沙不堵塞滴管出水孔。以上工作完成后开始覆盖黑色地膜。

【肥料与农药的施用方法】

铺设好滴网管后,在抽水机进水口与抽水管接口处的抽水管上装肥药滴管(煤气管),肥、药液管上装喷雾器开关 1 个,管的另一端放入塑料桶内。在施肥、药时,把肥料、农药按比例倒入桶内,然后打水放入桶内,充分搅匀;施肥料、农药时,打开开关,肥料及药液随抽水机所抽的水进行同步滴灌。

生产试验结果表明:滴灌较之漫灌方式每亩平均每季可节省费用 128.45 元,平均增产薄皮甜瓜 156 千克,折款 343.2 元,实际增收 471.65 元,亩平均每季可节水 50 吨,经济、社会效益显著。

三、建设微灌系统应注意的问题

(1)设计、安装、管理该系统要规范,装配要正确,防止漏水。

(2)使用该系统,要经常检查是否破损、漏水,要保持水质清洁,经常清洗过滤器和喷头、滴管、输水管道等。

(3)使用过程中要经常检查水压。水压太小,滴水(喷雾)慢,工作范围小;水压过高,水管易破损。正常的水压以 0.1~0.2 兆帕为宜。

(4)喷灌要在无风的条件下进行。

(5)用于施肥时,肥液浓度应控制在 0.1%~0.2%,不能太高。

第二节　二氧化碳施肥实用技术

温室 CO_2 施肥始于瑞典、丹麦、荷兰等国家,20 世纪 60 年代,英国、日本、德国、美国也相继开展了 CO_2 施肥试验,目前均进入生产实用阶段,成为设施栽培中的一项重要管理措施。CO_2 施肥得到重视和发展主要归因于以下几个方面。

(1)CO_2 施肥作用和效果被进一步肯定。

(2)农户的科技意识增强。

(3)温室结构的密闭性提高。

(4)在冬季弱光和人工补光条件下施肥效果显著。

(5)温室种植制度的改革减少了有机质的施用,尤其是无土栽培技术的应用。

一、二氧化碳施肥的效果

在薄皮甜瓜生长过程中,二氧化碳的作用十分清楚,它不仅是构成植株的主要原料,而且能加强植株的新陈代谢,加速植株的生理过程,促进氮、磷等元素在植物中的作用。实践证明:空气中的二氧化碳浓度可以从正常值(万分之三体积)增加 8%,不但不妨碍植物的生长,反而促进了植物的同化作用,即把从外界吸收的养料转化为自身的过程。在塑料大棚里进行的研究证明,由于二氧化碳的作用,植物叶子和茎的生长速度提高了 50%~300%,薄皮甜瓜开花和成熟时间提前 10%~25%。

慈溪市在薄皮甜瓜大棚生产中进行二氧化碳施肥,结果证明:

(1)增施二氧化碳气肥后,薄皮甜瓜植株生长速度明显加快,分别比对照叶片大、叶数多、茎蔓粗壮、生长势旺盛、抗逆性强;

(2)增施二氧化碳气肥后,其熟期和产量有明显提早和提高。据两家专业户考查、核产的结果分析表明,第一次采瓜上市时间分别比对照提早 4 天和 2 天,第一批(5 月 30 日)薄皮甜瓜亩产量分别比对照增产 33.7%和 41.1%,产值分别比对照增值 57.5%和 66.1%,经济效益十分显著。施用二氧化碳气肥增产的机理是:施用后补充了棚内的二氧化碳,从而提高了光合作用利用率,增加了有机物的积累,收到了增产、增收的效果。

二、二氧化碳气肥的施用方法

1.CO_2 施肥浓度

从光合作用的角度,接近饱和点的 CO_2 浓度为最适施肥浓度。但是 CO_2 饱和点受作物、环境等多因素制约,生产中较难把握;而且施用饱和点浓度的 CO_2 也未必经济合算。国外的研究表明,CO_2 浓度超过 900 微升/升后,进一步增加施肥浓度其收益增加很少,而且浓度过高易造成作物伤害和增加渗漏损失,尤其以碳氢化合物燃烧作为 CO_2 施肥肥源时。在产生高浓度 CO_2 的同时,往往伴随高浓度有害气体的积累,因此,CO_2 施肥浓度在 600 ~900 微升/升之间为宜。通常认为,800~1 500 微升/升可作为多数作物的推荐施肥浓度,具体依作物种类、生育阶段、光照及温度条件而定,如晴天和春秋季节光照较强时施肥浓度宜高,阴天和冬季低温弱光季节施肥浓度宜低。近年来,根据温室内的气象条件和作物生育状况,以作物生长模型和温室物理模型为基础,通过计算机动态模拟优化,将投入与产出相比较,确定瞬间 CO_2 施肥最佳浓度的研究已起步并取得较大进展。

2.CO_2 施肥时间

从理论上讲,CO_2 施肥应在作物一生中光合作用最旺盛的时期和一天中光温条件最好的时间进行。

育苗期 CO_2 施肥利于缩短苗龄,培育壮苗,提高早期产量,因此施肥应尽早进行。定植后开始 CO_2 施肥的时间取决于作物种类、栽培季节、肥源类型。薄皮甜瓜为防止营养生长过旺和植株徒长,一般从定植到开花不施肥,开花坐果后开始施肥。

一天中,CO_2 施肥时间应根据塑料大棚中 CO_2 变化规律和植物的光合特点灵活掌握。在我国,CO_2 施肥多习惯于从日出后 0.5~1 小时开始,通风换气之前结束。严寒季节不通风时,可适当延长施肥时间。在北欧、荷兰等国家,CO_2 施肥则全天候进行,中午温室通风窗开至一定大小时 CO_2 施肥自动停止。12 月至翌年 3 月,塑料大棚 CO_2 亏缺通常发生于早晨揭膜后 0.5~3 小时,在此之前施肥即可有效避免亏缺。由于塑料大棚管理主要以保温为目的,通风量相对不足,通风期及闭风后 CO_2 亏缺不可避免,但下午 CO_2 施肥的生态和经济可行性尚需探讨。

3.CO_2 施肥肥源

发达国家设施栽培发展较早,CO_2 施肥技术相对成熟和完善,他们经过多年探索均已确定了各自条件下的肥源类型,如荷兰98％加温温室以天然气为燃料,采用中央锅炉燃烧后产生的尾气作肥源;日本则主要利用以煤油为原料的 CO_2 发生机。慈溪市主要的 CO_2 肥源类型有以下几种。

(1) CO_2 颗粒气肥。固体颗粒肥料气肥是以碳酸钙为基料,有机玻璃酸作调理剂,无机酸作载体,在高温高压下挤压而成,施入土壤后可缓慢释放 CO_2。据报道,每亩一次施用量 40～50 千克,可持续产气 40 天左右,并且一日中释放 CO_2 的速度与光温变化同步。这一肥源类型是使用方便、省时省力,室内 CO_2 浓度空间分布较均匀。但是颗粒气肥对贮藏条件要求严格,释放 CO_2 的速度慢,产气量少,且受温度、水分的影响,难以人为控制。此外,施肥对土壤环境的影响也需研究。

(2)化学反应法。利用强酸(硫酸、盐酸)与碳酸盐(碳酸钙、碳酸铵、碳酸氢铵)反应释放 CO_2,硫酸—碳铵法是目前应用最多的一种类型。具体操作方法是:先将工业用硫酸 1 份(按容积,下同)缓缓倒入 3 份水中,搅匀,冷至常温后备用。当需要补充和增加二氧化碳时,则将配好的稀硫酸倒入广口塑料桶内(桶内稀硫酸倒至1/3～1/2 为宜,切勿倒满),再加入适量的碳酸氢铵后,桶内即可产生大量气泡二氧化碳,扩散到棚室内就可被薄皮甜瓜叶片所吸收。若薄皮甜瓜采用立架栽培时,可将桶吊离地面 1～1.2 米处。在棚室内一般每隔 10 米左右放一个塑料桶。碳酸氢铵的用量可根据棚室面积、薄皮甜瓜生育期和施用时间而定,苗期每平方米每次用 6～8 克,果实发育期每平方米每次 10～12 克;晴天中午前后每平方米每次 13～16 克。

使用一段时间后,如果稀硫酸桶内加碳酸氢铵后无气泡发生时,可将桶内废液用水稀释后作为液肥施入瓜畦,然后及时补足稀硫酸。此法的缺点是费工、费料,操作不便,可控性差,操作不当会发生气体危害。近几年山东、辽宁等地相继开发出多种成套的 CO_2 施肥装置,主要结构包括贮酸罐、反应桶、CO_2 净化吸收桶和导气管等部分,通过硫酸供给量控制 CO_2 生成量,CO_2 发生迅速,产气量大,操作简便,较安全,应用效果较好。大面积施肥时硫酸的供给是该肥源应用中遇到的主要问题。

4.其他提高温室 CO_2 浓度的方法

(1)通风换气。当温室 CO_2 浓度低于外界较多时,采用强制或自然通风可迅速补充内部的 CO_2。此法简单易行,但 CO_2 浓度升高有限,仅靠自然通风不能解决作物旺盛生长期的 CO_2 亏缺问题,而且,寒冷季节通风较少。

(2)增加土壤有机质。有机肥不仅提供作物生长所需的营养,改良土壤,而且有机质分解可以释放出 CO_2。据中国科学院农业现代化研究所测定,秸秆堆肥施入土壤后 5～6 天就可释放出大量 CO_2。前后维持近 30 天。塑料大棚生产过程中,在施入大量鸡粪作基肥的基础上,结果期每隔一段时间补施一定数量的鸡粪,可使塑料大棚内的 CO_2 浓度维持较高水平。

慈溪市薄皮甜瓜基地多采用化学反应法施用 CO_2,他们的使用技术如下:

(1)施用时间。当薄皮甜瓜茎蔓长到 30 厘米左右时,晴天每天上午 8:00 时前(太阳出时)喷施;阴天上午 10:00 时左右喷施,阴雨天停施。棚内气温较高时(6 月开棚前)可提早喷施,施后闭棚 2 小时。薄皮甜瓜开初花时停止喷施,以免影响坐果。待坐果后有鸡蛋大小时继续进行喷施。

(2)喷施浓度。薄皮甜瓜初开花前喷施二氧化碳气肥浓度要低,一般每 0.5 亩左右大棚每天喷一次,每次用二氧化碳发生液 1 千克,外加碳铵 1.1 千克;薄皮甜瓜坐果后有鸡蛋大小时,施用浓度可按比例增加,为确保安全,碳铵不能太多,1∶1.1 的比例一定要准确。

(3)安装方法。①根据大棚长度,用编丝绳或细铁丝将导气管悬挂在大棚中间,离顶端 0.3 米处,导气软管的长度略长于大棚长度,导气软管的尾端在大棚架上打结,拉住导气软管并防止二氧化碳气体大量从软管尾端口逸出;②在大棚门口的内侧找一小块平整地放置 GF-1 固定式二氧化碳喷气器,用胶管将二氧化碳喷气器导口与导气软管连接起来,用编丝绳或细铁丝固定两个连接口,防止连接口漏气,即安装完毕。

(4)增施二氧化碳气肥操作方法。①打开桶体盖,将称量好的碳铵放入桶体中拧紧桶体盖;②关闭储剂筒开关;③打开储剂筒,将称量好的广丰二氧化碳发生液倒入储剂筒,盖好储剂筒盖子;④打开储剂筒开关,即产生二氧化碳气体进行二氧化碳施肥,到储剂简体中的广丰二氧化碳发生液完全流入桶体中 2～3 分钟;⑤施肥结束,将桶体内的残液倒入塑料桶、缸或化粪池中放置 48 小时成为高浓度优质肥料;⑥每天施肥结束,用清水将储剂筒、桶体冲洗干净。

第九章　薄皮甜瓜的
采收、贮藏、运输与加工

第一节　薄皮甜瓜的采收

一、采收适期

采收过早过晚,都会直接影响薄皮甜瓜的产量和质量,特别是对含糖量以及各种糖分间的比例影响更大。用折光仪器能测定可溶性固形物的浓度,一般称为全糖量。但是,薄皮甜瓜所含的糖,有葡萄糖、果糖和蔗糖等,它们给予人们味觉器官感受的甜度各不相同,若以蔗糖甜度为 100%,则葡萄糖为 74%,而果糖则为 173%,麦芽糖仅为 33%。成熟度不同的薄皮甜瓜,各种糖类的含量不同,最初葡萄糖含量较高,以后葡萄糖含量相对降低,果糖含量逐渐增加,至薄皮甜瓜十成熟时,果糖含量最高,蔗糖含量最低。因此,不熟的薄皮甜瓜固然不甜,但过熟的薄皮甜瓜甜度也会降低。所以,正确判定薄皮甜瓜的成熟度,在其果糖含量达最高值时采收是保持薄皮甜瓜优良品质的重要一环。

二、判断薄皮甜瓜的成熟度的方法

根据用途和产销运程,薄皮甜瓜的成熟度可分为远运成熟度、食用成熟度、生理成熟度。

远运成熟度可根据运输工具和运程确定。如用普通货车运程10 天以上者,可采收七成半至八成熟的瓜;运程 5～7 天者,可采收八成半至九成熟的瓜;运程 5 天以下者,可于九成至九成半熟时采收；当地销售者可于九成半至十成熟时采收。

食用成熟度要求果实完全成熟，充分表现出本品种应有的形状、皮色、瓤质和风味，含糖量和营养价值达到最高点，也就是所说的达到十成熟。

生理成熟度就是瓜的发育达到最后阶段，种子充分成熟，种胚干物质含量高，胎座组织解离，种子周围形成较大空隙。由于大量营养物质由瓜瓤流入种子，而使瓜瓤的含糖量和营养价值大大降低，所以，只有采种的薄皮甜瓜才在生理成熟时采收。

判断薄皮甜瓜成熟度，有以下几种方法。

（一）目测法

根据薄皮甜瓜或植株形态特征判断成熟度。首先是看瓜皮颜色的变化，薄皮甜瓜成熟时，瓜皮颜色会由鲜变浑，由暗变亮，显出老化状态。这是因为成熟时的薄皮甜瓜，叶绿素渐渐分解，原来被它遮盖的色素如胡萝卜素、叶黄素等渐渐显现出来。不同品种在成熟时，都会显出其品种固有的皮色、网纹或条纹。有些品种成熟时的果皮变得粗糙，有的还会出现棱纹、挑筋、花痕处不凹陷、瓜梗处略有收缩、坐瓜节卷须枯萎 1/2 以上等。此外，瓜面茸毛消失，发出较强光泽，以及瓜底部不见阳光处变成橘黄色等均可作为成熟度的参考。

（二）标记法

它是以各品种的成熟需要一定积温及日数为根据，开花授粉后，进行单瓜标记，注明授粉日期。薄皮甜瓜自开花至成熟，在同一环境条件下大致都有一定的日数。如一般早熟品种从开花到果实成熟一般需 25～30 天，中熟品种 30～35 天，迟熟品种需 35～40 天。同一品种，头茬瓜较二茬瓜晚熟 3～5 天。对同一时期内坐的瓜胎立上标记，可参照上列各品种从开花至成熟时间计日收瓜，漏立标记者可参考坐瓜节位和瓜的形态采收。这种方法对生产单位收瓜十分可靠。但由于不同年份气候有差异，使瓜的生长期略有不同，平均气温较高时，成熟需要的天数减少，平均气温低时，天数就增加。

（三）物理法

主要通过手摸、音感和比重鉴定薄皮甜瓜成熟度。

手摸，是指用手去摸薄皮甜瓜，凭感觉来判断薄皮甜瓜是否成熟，有光滑感觉，表明已成熟；如有发涩感，则表明未成熟。

音感，是指用手拍打或指弹瓜面，来听其发出的声音，判断薄皮甜瓜是否成熟，成熟的薄皮甜瓜，由于营养物质的转化，细胞中胶层开始解离，细胞间隙增大，接近种子处胎座组织的空隙更大。用手拍击薄皮甜瓜外部时，便会发出砰、砰、砰的低浊音，细胞空隙大小不同，发出的浊音程度也不同，可借此判定其成熟度。相反，若发出咚、咚、咚坚实音的，则多属生瓜。若声音发出闷哑或"嗡嗡"声时，多表示瓜已熟过头。但这种方法只限于同一品种间作相对比较，不同品种常因含水量、瓜皮厚度及皮"紧"、皮"软"等不同，其声音差别很大。

比重鉴定，是指根据薄皮甜瓜的比重来判断薄皮甜瓜是否成熟，薄皮甜瓜成熟后，相对密度（旧称比重）通常下降。按比重测定有两种方法：一是以水作为对照，进行测定，在常温下水的比重是1，而一般成熟瓜的比重为 0.9～0.95。将薄皮甜瓜放入水中观察。若薄皮甜瓜完全沉没，则表明是生瓜；浮出水面很大，说明瓜的比重小于 0.9，薄皮甜瓜过熟；若浮出水面不大，则表明是熟瓜。二是选"标"对照，同体积的瓜以手托瓜衡量其轻重，同品种同体积的薄皮甜瓜，不熟者比成熟者重，熟过头（倒瓤）者比成熟者轻。

在实际应用中，为了准确无误地判断薄皮甜瓜是否成熟，应综合考虑各种因素，不能单凭一个因素来断言。采收成熟度还应根据市场情况来确定。如当地供应可采摘九成熟的瓜，于当日下午或次日供应市场。运销外地的可采收八成熟的瓜。当前市场上供应的薄皮甜瓜有的品质欠佳，除品种本身种性及混杂退化等因素外，采摘生瓜是一个重要的原因，除了对薄皮甜瓜成熟度缺乏鉴别经验之外，主要是人为因素。有些瓜农认为早期瓜价格高、生瓜分量重，早采收对后期的生长和结果有利，而不考虑生瓜影响品质。

三、采收时间

采收薄皮甜瓜最好在上午或傍晚进行,因为薄皮甜瓜经过夜间冷凉之后,发散了大部分田间热量,采收后不致因体温过高而加速呼吸,引起质量降低,影响贮运。如果采收时间不能集中在上午进行,也要避免在中午烈日下采收。

四、采收方法

用刀从瓜梗与瓜蔓连接处割下,不要从瓜梗基部撕下。准备贮藏的薄皮甜瓜,应连同一段瓜蔓割下,瓜梗保留长度往往影响贮藏寿命,这可能是与伤口感染距离有关,另外,采收后应防止日晒、雨淋,而且要及时运送出售。

五、采收时的注意事项

(一)留好适当长度的果柄

采瓜时,应将果柄留在瓜上 1～2 厘米,这样可通过果柄的青枯状态来鉴别薄皮甜瓜采摘的时间及新鲜程度,还有利于薄皮甜瓜保鲜,延长贮藏时间。

(二)雨天不宜采收

因为下雨时采收的瓜易发生炭疽病,且不耐贮运,在采收时果皮上沾有泥水,降低商品外观质量,对果皮薄易裂果的品种,还会增加裂果率。

(三)选择采瓜时间

天热时,避免在中午前后的高温采瓜,以防果实内部呼吸作用较强,在贮运过程中果实易发生变质。

(四)减少瓜蔓损失

采收时要注意不要损伤瓜蔓,以便能再结下茬瓜,例如,采用刀具或剪刀来采收。

第二节 薄皮甜瓜的贮运

薄皮甜瓜成熟比较一致,上市过分集中,使市场供应突出地表现为淡—旺—淡的特点。因为淡旺季突出,所以,市场上薄皮甜瓜的季节差价很大,最早上市或最晚上市的价格往往比旺季市场的价格高出 2～3 倍。因此,搞好薄皮甜瓜的贮藏保鲜,不仅对调节市场供应,满足消费者的需要具有十分重要的意义,而且对生产、经营单位还可增加经济收入。

准备长期贮藏的薄皮甜瓜,应选用耐贮藏品种,并适当的晚播晚收。采收前在田间严格挑选果形好、无病虫为害的薄皮甜瓜作好标志,当有八、九成熟时采收,并在果实上保留一段相当长度的茎蔓。充分成熟或过熟的瓜不宜用来贮藏(采收种子的瓜必须完全成熟,最好是果肉软化接近腐烂的瓜)。

薄皮甜瓜贮藏的最适宜温度是 1～3℃,相对湿度 80％～85％。因此,应选择温度比较低、变化小、湿度不要太大的地方贮藏。果实堆放在地下时,底下应垫一层铺填物。贮存期间经常注意检查,及时处理病果或过熟果。

一、影响薄皮甜瓜耐贮运性的因素

影响薄皮甜瓜耐贮运性的内因主要是品种、成熟度、采收质量、瓜皮厚度与硬度、贮运期间瓜内部的生理变化等。外因主要是有无机械损伤,以及湿度、温度不当、病虫为害等。

1.品 种

不同的品种贮运性是不一样的,一般地说,皮厚一点且硬度较大具有弹性的薄皮甜瓜品种较耐贮运,皮薄的不耐贮运。

2.成熟度及采收质量

不过熟而且在采收时连同果柄再带一段长约 10 厘米的茎蔓的薄皮甜瓜容易贮藏,过熟或采收质量差的薄皮甜瓜,不易贮运。一般应选择八成熟左右的瓜,九成熟以上者不宜作长期贮藏。

3.贮藏期间瓜内的生理变化

主要是含糖量和瓜瓤硬度的变化。在贮藏期间,薄皮甜瓜含糖量在最初 15 天内,可溶性固形物含量减少较大,以后则缓慢减少。在贮藏期间瓜瓤的硬度逐渐下降,总的趋势也是前期下降快,后期下降慢。

4.机械损伤

薄皮甜瓜采收后,在搬运过程中常常造成碰压挤伤。由于薄皮甜瓜大小和品种间的差异,这些损伤的程度可能不同。这些损伤在当时一般从外表都难以看出来,但经短时间的贮藏即可逐渐表现出来,如伤处瓜皮变软,瓜瓤颜色变深变暗,细胞破裂,汁液溢出,风味变劣等。

5.温、湿度

薄皮甜瓜贮藏期间,在不受冻害的前提下,尽量要求较低的温度,最好维持在 5～8℃。温度越高,呼吸消耗越大,后熟过程也越强烈,糖分和瓜瓤硬度的下降也就越大。温度高,有利于某些真菌的孳生,会造成薄皮甜瓜的腐烂。对湿度的要求则不可过低,也不可过高,湿度过低易使薄皮甜瓜失水多,皮变软;湿度过高易滋生霉菌。据试验,以 80%的相对湿度为宜。

二、提高薄皮甜瓜耐贮运性的主要措施

(1)选择耐贮运的品种。

(2)达到适宜成熟度时采收。按产销运程确定的采收熟度。

(3)减少机械损伤。从采收到运销过程中,要始终轻拿轻放。尽量减少一切碰、压、刺、挤等机械损伤。

(4)保持适宜的温、湿度。在贮藏运输过程中,应避免温度和湿度过高或过低,作为长期贮藏的环境,以 5～8℃的温度和 80%的相对湿度最为适宜,可以有效地延长贮藏时间。

(5)贮藏场所和薄皮甜瓜应进行严格消毒。

(6)及时清理。应每隔 10 天左右清理一次,将不宜继续存放的薄皮甜瓜挑出,率先投放市场。

远运或久贮薄皮甜瓜时特别要注意做到下面几条:

1.预冷

是指运输或入库前,使薄皮甜瓜瓜体温度尽快冷却到所规定的温度范围,才能较好地保持原有的品质。薄皮甜瓜采后距离冷却的时间越长,品质下降愈明显。如果薄皮甜瓜在贮运前不经预冷,果温较高,则在车中或库房中呼吸加强,引起环境温度继续升高,很快就会进入恶性循环,很容易造成贮藏失败。

预冷最简单的方法是在田间利用夜间较低的气温预冷一夜,在清晨气温回升之前装车或入库。有条件的地方可采用机械风冷法预冷,采用风机循环冷空气,借助热传导与蒸发散热来冷却薄皮甜瓜。一般是将薄皮甜瓜用传送带通过有冷风吹过的隧道。风冷的冷却速度取决于薄皮甜瓜的温度、冷风的温度、空气的流速、薄皮甜瓜的表面积等。

2.消毒

薄皮甜瓜贮藏场所及薄皮甜瓜表面的消毒可选用40%福尔马林150~200倍液,或6%硫酸铜溶液,或倍量式波尔多液,或甲基托布津溶液1 000毫克/千克,或15%~20%食盐水溶液,或0.5%~1%漂白粉溶液,或多菌灵1 000毫克/千克加橘腐净500毫克/千克混合液,或抑霉唑250毫克/千克,或克霉灵0.1毫克/千克,或仲丁胺浸果剂40毫克/千克,或1%葡萄糖衍生物等进行消毒。

库房消毒可用喷雾器均匀喷洒,对其包装箱、筐、用具、贮藏架等也要进行消毒。薄皮甜瓜可采用浸渍法消毒,消毒后沥干水分,放到阴凉处晾干,最好与预冷结合起来进行。

3.包装及运输

采收后的薄皮甜瓜在运往贮藏场所时,应进行包装。薄皮甜瓜的包装一般采用纸箱,每箱装瓜4~6只。薄皮甜瓜装箱时,每个瓜用一张包装纸包好,然后在箱底放一层木屑或纸屑,把包好纸的薄皮甜瓜放入箱内。若薄皮甜瓜不包纸而直接放入箱内时,每个瓜之间应用瓦楞纸隔开,并在瓜上再放少许纸屑或木屑衬好,防止磨损,盖上箱盖后,用粘胶带封好,以备装运。

准备贮藏的薄皮甜瓜在运输时要特别注意避免任何机械损伤。易地贮藏时,必须用上述包装方法,轻装、轻卸,及时运往贮藏地点,途中尽量避免剧烈振荡。近距离运输时可以直接装车,并且在车厢内先铺上一定厚度厚的软质铺填物(如麦草或纸屑),再分层装瓜,装车时大瓜装在下面,小瓜装在上面,减少压伤,每一层瓜之间再用软质铺填材料隔开,这样可装 6～8 层。

三、薄皮甜瓜简易贮藏保鲜法

1.普通室内贮藏

选择阴凉通风、无人居住的空闲房屋作为贮藏场所。清扫干净,严格消毒,房屋内先铺放一层铺填物,然后摆放薄皮甜瓜。薄皮甜瓜要按其在田里生长的阴阳面摆放,高度以 2～3 层为宜。房屋中间要留出 1 米左右的人行道,以便出入库房及贮藏过程中的管理检查。白天气温高时,封闭门窗,管理人员也要尽量避免白天出入库房,以免过多的热空气进入库房。夜晚气温低时,开启门窗通风降温,温度最好控制在 15℃以下,相对湿度保持在 80% 左右,空气干燥时可适当在地面洒水或放置用水浸湿的草帘子,以提高空气湿度,相对湿度过高时,可通风散湿。此法可贮藏薄皮甜瓜 1 个月左右,其色泽、风味与刚采摘的薄皮甜瓜差别不大。要想加大贮藏量,可在室内搭设架子,根据贮藏量可搭数层,一层放一排薄皮甜瓜,瓜与瓜互不接触,瓜身下垫一个麦草垫(不要用稻草),瓜的放法如同在田间生长一样,瓜肚向下,瓜背向上。

2.沙藏法

选择干净、通风的房屋,铺 6～10 厘米厚的干净细河沙,晴天傍晚采收七成熟的薄皮甜瓜,每个薄皮甜瓜留 3 个蔓节,于蔓的两端离节 3 厘米处切断,切口立即蘸上草木灰,每个瓜节留一片绿叶。将瓜及时运回屋后,一个个地排放在河沙上,再加盖细河沙,盖过薄皮甜瓜 5 厘米厚,3 片瓜叶露外制造养分,保瓜后熟。该方法须注意:

(1)薄皮甜瓜要避免任何机械损伤。

(2)每隔 7～10 天用磷酸二氢钾 100 克对水 50 升给叶片追肥,保持叶片青绿。

（3）当日运瓜,当日贮藏。做到不藏隔夜瓜。

另外,沙藏法也可以在经消毒灭菌处理后的房屋内,地面铺 10 厘米厚的沙,将七八成熟的薄皮甜瓜采回后,用 1 000 毫克/千克甲基托布津对薄皮甜瓜表面进行消毒,晾干后,排在沙中间,再用沙覆盖好。慈溪市瓜农用此法保鲜,能使薄皮甜瓜保鲜 1 个月以上。

3.褐藻酸钠涂抹法

贮藏前将贮藏室及贮藏纸箱用点燃的硫黄熏蒸消毒(每 50 立方米用硫黄 0.5 千克)后,将褐藻酸钠用温水溶解,加水稀释为 0.2％的溶液,涂抹于薄皮甜瓜上,晾干,放入用木箱搭成的薄皮甜瓜架上。每一纸箱放 2 个薄皮甜瓜,瓜下垫一粗草绳圈。采用此法,在室内最高气温 28℃,最低气温 21℃,平均气温 24℃,相对湿度 71％～87％的条件下,经贮藏 36 天后,瓜瓤质脆、汁多、风味甜爽,品质较好,但含糖量略有降低。

4.瓜蔓浸出液涂抹法

将新鲜薄皮甜瓜茎蔓研磨成浆喷涂薄皮甜瓜,然后在普通房中贮藏,具体做法:处理的"药剂"将新鲜的薄皮甜瓜茎蔓,研磨成浆,经过滤后稀释为 300～500 倍液,喷湿薄皮甜瓜表面,稍经晾干,即用包装纸(牛皮纸,旧报纸亦可)包好,放到凉爽通风、不过分潮湿处存放。贮存过程中,每隔 10 天左右翻 1 次,把其中瓜顶变软、有霉烂斑的个体挑出处理。贮藏期达 85 天,好瓜率达 80％。据分析:薄皮甜瓜茎蔓中存在着抑制后熟的物质,喷涂后被薄皮甜瓜吸收,可以防止后熟衰老。包纸一是创造了小环境条件,缓冲了大环境温湿度的波动;二是有利于保存;三是隔绝了病菌的传播;四是防止了相互摩擦挤压。

第三节　薄皮甜瓜的加工

薄皮甜瓜以鲜食为主,亦可加工成果脯、果汁或果酱等,或作药用。

我国是最早掌握薄皮甜瓜加工贮藏技术的国家,早在 3 000 多年前的周代,就有把甜瓜腌渍加工后贮藏起来,以备冬季食用;当时还有专门的官员管理这些事情。近代,薄皮甜瓜加工技术较几千年前已发生巨大变化,薄皮甜瓜不只是腌渍加工,而且可以通过多种加工方法加工成为各种食品,常见的有下面一些加工方法:

一、甜瓜干

选用肉白、肉厚的甜瓜品种,把甜瓜削皮去瓣,1 个瓜切成 4 瓣,放在苇席上晒干,3～4 天翻动 1 次,晒 15 天左右,手摸压时有韧性,不黏手为度,出干率 10％左右。

二、甜瓜脯

选晚熟甜瓜品种为佳,削皮去瓣后,每瓜切成 8～12 条,在石灰水中浸泡 24 小时,再按瓜 1 份、糖 0.8 份重量比例加糖渍 6 小时,然后置于苇席上,于太阳下暴晒几天,或在 60℃电烤箱中烘烤,待瓜块半干,并有糖液浸出时,用 PVC 塑料袋包装即为成品。

三、甜瓜汁罐头

选晚熟甜瓜品种加工为佳,出汁率可达 60％,且风味浓,制成的瓜汁橘红色。制作方法:先将成熟甜瓜洗净后去削皮去瓣,破碎果肉、榨汁、粗滤,加糖 11％～13％,加柠檬酸 0.1％～0.2％,调配好的甜瓜汁在 130～150 千克/平方厘米的压力下高压均质,然后加热至 70℃时装罐密封,用 5104 号罐装,100℃沸水中杀菌 15～18 分钟,分段降温冷却,擦净罐后入库。

四、腌制

1.工艺流程

选料→清洗→切分→腌渍→成品。

2.操作方法

将选好的甜瓜清洗后,顺瓜纵向切成两瓣,去除瓜瓤,入缸腌制。底部少放盐,顶部多放盐。加入少量 17 波美度的盐水,上面压石块。第二天和第三天各倒缸 1 次,腌制 20 天即为成品。腌制时盐用量为原料总量的 15％。

五、酱制酱包瓜

1.工艺流程

选料→制壳→配料→腌渍→酱渍→混合搅拌→装料→封盖→成品。

2.操作要点

(1)配料比例。每制成 10 千克酱包瓜成品需用:薄皮甜瓜 4 千克、苤蓝丁 1.5 千克、黄瓜丁 2 千克、花生米 2 千克、核桃仁 200 克、葡萄干 200 克、青红丝 100 克、鲜姜丝 100 克和桂花 100 克。

(2)制作包瓜外壳。选择五六成熟及瓜型匀称的小薄皮甜瓜(单个重 150～200 克)为原料。先从瓜蒂部完整地开一个口,取出瓜瓤,削下的瓜蒂用作酱包瓜的盖子。把瓜壳放入 20 波美度的食盐水中腌制 10 天,每天翻缸 1 次。经清水浸泡 3 天,每天换水 2 次。捞出晾晒 4～5 天,以瓜皮出现皱纹为度。

(3)腌渍。把薄皮甜瓜、黄瓜和苤蓝洗净,削去外皮,分别用 20 波美度的食盐水腌制 10 天,每天翻缸 2 次。再把咸香瓜和咸黄瓜去籽,与苤蓝分别切成 5～6 厘米见方的丁块。

(4)酱渍。把上述 3 种咸坯分别投入清水浸泡 12 小时,徐徐控去水分,切勿压榨,以保持良好的外观。然后分别装入面袋,每袋可装 2.5～3 千克,放入面酱中酱渍 4～6 天。每天搅动 3 次,以使酱汁均匀地浸入成坯中,每 10 千克咸坯需加面酱 6 千克。

(5)糖渍。捞出酱坯,控干酱汁。酱薄皮甜瓜晾干备用。酱黄瓜和酱苤蓝则分别加白糖拌匀后再腌渍 5～6 天,每天搅拌 1 次,直至色泽透明、光亮为止。每 10 千克酱坯需加白糖 4 千克。

(6)混合灌装。把腌制好的 3 种原料与花生米等辅料拌匀后装入包瓜壳内,装紧压实,加上瓜蒂盖,用绳捆好即为成品,放入坛中封严保存。

主要参考文献

[1]齐之魁.中国甜瓜[M].北京:科学普及出版社,1991.

[2]星川清亲.栽培植物的起源与传播[M].郑州:河南科学技术出版社,1981.

[3]卢育华,等.瓜类蔬菜优质高效栽培技术[M].北京:中国农业出版社,1999.

[4]刘琼霞,孙兰芳.西瓜甜瓜高效栽培及病虫害防治[M].北京:中国致公出版社,1998.

[5]徐志红,徐永阳.优质高档甜瓜生产技术[M].郑州:中原农民出版社,2003.

[6]中国科学院中国植物总编辑委员会.中国植物志[M].第73卷第1分册.北京:科学出版社,1986.

[7]中国种子植物科属词典[M].北京:科学出版社,1984.

[8]刘珊珊,秦智伟.甜瓜种质资源分类方法发展状况[J].北方园艺,2000,133(4):15-16.

[9]张兴平.甜瓜种质资源的同工酶电泳分析[J].西北农业大学学报,1988,16(2):5-11.

[10]郭素枝.甜瓜 POD 同工酶及其 Fuzzy 聚类分析[J].福建农学院学报,1992,21(3):309-315.

[11]Dane F.Cucurbits.in.Tanskiey S D,Drton T Jeds.Isozymes in Plant Genetics and Breeding,Part B,Elsbier Sci.Pub.Co.Amsterdam,1983:369-390.

[12]张鲁刚.甜瓜种质资源的 Q 型聚类分析及主成分分析[J].中国西瓜甜瓜,1990(1):14-19.

[13]张鲁刚.甜瓜种质资源的 R 型聚类分析及典型相关分析[J].中国西瓜甜瓜,1991(1):13-21.

[14]马德伟,等.甜瓜花粉形态研究及起源分类的探讨[J].中国西瓜甜瓜,1989(1):16-18.

[15]马德伟,等.甜瓜花粉母细胞减数分裂及花粉粒发育的研究[J].中国西瓜甜瓜,1988(1):20-23.

[16]杨鼎新.中国甜瓜园艺学分类的初步探讨[J].中国西瓜甜瓜,1989(1):19-20.

[17]张鲁刚,等.甜瓜种质资源的判别分析[J].园艺学报,1992,19(1):35-40.

[18]郑素秋,等.甜瓜染色体GIEMSA.C带带型及核型研究[C].国际园艺植物种质资源学术讨论会论文集,1988.

[19]王炜勇,俞少华,等.浙江省薄皮甜瓜地方品种的表型遗传多样性[J].植物遗传资源学报,2013(3):448-454.

[20]宋嵘嵘,宓国雄.薄皮甜瓜地方品种简介[J].中国种业,2002(6):36.

[21]宋嵘嵘,宓国雄.南方地区薄皮甜瓜优良地方品种介绍[J].宁波农业科技,2002(3):28-29.

[22]陈海荣.上海市蔬菜品种资源研究(四)——上海薄皮甜瓜[J].上海农业学报,1998(1):51-54.

[23]吴国兴.甜瓜保护地栽培[M].北京:金盾出版社,2001.

[24]林德佩,吴明珠,王坚.甜瓜优质高产栽培[M].北京:金盾出版社,2000.

[25]马双武.西瓜甜瓜生产关键技术百问百答[M].北京:中国农业出版社,2006.

[26]黄兴学.保护地早熟薄皮甜瓜嫁接育苗技术[J].现代农业科技,2008(13):56-58.

[27]刘爱华.园艺作物嫁接技术[J].上海蔬菜,2006(4):96-97.

[28]王毓洪,黄芸萍.瓜类嫁接育苗技术[J].宁波农业科技,2006(4):22-24.

[29]张世天.北海市薄皮甜瓜膜下滴灌技术应用试验[J].农业科技通讯,2012(1):44-45.

[30]崔绍玉.薄皮甜瓜大棚生产栽培关键技术要点[J].中国果菜,2011(7):25.

[31]王翔.薄皮甜瓜高效栽培[J].西北园艺,2002(6):30.

[32]于雅君.薄皮甜瓜嫁接育苗技术[J].新农业,2013(21):36-37.

[33]陈秀洁.薄皮甜瓜露地高效栽培及病虫害综合防治[J].吉林蔬菜,2012(6):1-2.

[34]王未英,尹益建,董利尧,等.中国台湾薄皮甜瓜银娘栽培技术[J].安徽农业科学,2014,42(10):2 904,2 910.

[35]黄军平,李丹,金秀华,等.薄皮甜瓜品种比较试验简报[J].上海农业科技,2012(4):75.

[36]智海英,马海龙,苗如意,等.薄皮甜瓜世纪甜网棚栽培密度、整枝及授粉试验[J].山西农业科学,2013,41(10):1073-1075.

[37]徐志红,徐永阳,赵光伟,等.薄皮甜瓜新品种白玉满堂的选育[J].中国瓜菜,2011,24(4):22-24.

[38]章敏,林茂,周贤达,等.薄皮甜瓜新品种银宝的选育[J].中国瓜菜,2013,26(6):24-26.

[39]臧全宇,马二磊,王毓洪,等.薄皮甜瓜新品种甬甜8号的选育[J].中国蔬菜,2014(11):53-55.

[40]季步康.薄皮甜瓜育苗八环节[J].农家致富,2009(6):32.

[41]钱桂艳,王学忠,刘秀杰,等.薄皮甜瓜育种研究现状及发展趋势[J].北方园艺,2003(3):19-20.

[42]钱桂艳,王学忠,刘秀杰,等.薄皮甜瓜育种自交、杂交授粉技术[J].种子世界,2004(2):44.

[43]陈海荣.薄皮甜瓜早熟栽培[J].上海蔬菜,1996(4):18.

[44]贾健,杨兴福,杨兴安,等.薄皮甜瓜主要缺素症的诊断与防治[J].北方园艺,2011(7):68-69.

[45]齐红岩,李亚兰,李丹,等.不同定植密度对薄皮甜瓜生长发育及产量影响的研究[J].北方园艺,2005(3):53-55.

[46]张娥珍,樊学军,洪日新.不同砧木对薄皮甜瓜生长、产量及品质的影响[J].广西农业科学 2009,40(9):1 212-1 214.

[47]莫云彬,陈海平,冯春梅,等.不同砧木对嫁接薄皮甜瓜的影响[J].中国西瓜甜瓜,2005(3):14-15.

[48]吕晓红,杨兴福,蔺秀荣,等.大棚甜瓜嫁接栽培技术研究[J].北方园艺,2007(6):92.

[49]魏国庆.大棚甜瓜栽培技术[J].西北园艺(蔬菜),2015(1):33-35.

[50]朱璞,程林润,俞金龙.大棚早春薄皮甜瓜品比试验[J].上海蔬菜,2006(5):20-21.

[51]于宏伟.地下害虫蛴螬的发生与防治[J].农民致富之友,2015(7):101.

[52]孟令坡,褚向明,秦伟智,等.关于甜菜瓜起源与分类的探讨[J].北方园艺,2001(4):20-21.

[53]吴起顺,季春海.厚薄皮中间型甜瓜新品种长甜2号的选育[J].中国瓜菜,2010,23(5):27-29.

[54]张国军.露地薄皮甜瓜双膜栽培技术[J].新农业,2015(3):28.

[55]张帆,李桂芳,钟喆.甜瓜种子在萌发过程中的生理生化现象[J].新疆八一农学院学报,1985(4):10-15.

[56]别之龙.我国西瓜甜瓜嫁接育苗产业发展现状和对策[J].中国瓜菜,2011,24(2):68-71.

[57]何林池,王康,蒋秋玮,等.沿江地区设施薄皮甜瓜品种比较试验[J].安徽农学通报,2013,19(6).

[58]马青洲.甜瓜的人工辅助授粉[J].农村实用技术,2003(6):25.

[59]杜连启.甜瓜饮料的制作[J].农产品加工,2012(8):25.

[60]倪志婧,马文平.甜瓜果酒澄清技术研究[J].安徽农业科学,2012,40(28):14 012-14 013,14 016.

[61]田林森,白聚彪.甜瓜罐头工艺技术[J].中国农村科技,1998(1):40.

[62]胡军,林柏年.甜瓜西瓜的加工和烹饪[J].中国西瓜甜瓜,1994(2):19-20.